勢能管理×價值評估×跨維應用，從品牌定位到消費者心智，全面升級競爭格局

劉潤澤 著

立體競爭
錯維視角下的商業新思維

MULTIDIMENSIONAL COMPETITION

【跳脫單維困境，打開多維視野】
利用錯維勢能，打造壓倒性優勢！看見競爭中的無限可能

目錄

自序 …………………………………………………………………… 005

第一章　單維競爭的終結，多維競爭的開端 ………………… 013

第二章　多維視野：錯維重構競爭 …………………………… 043

第三章　錯維路徑：重構維度邊界 …………………………… 067

第四章　錯維創意：不可能即是可能 ………………………… 091

第五章　趨勢與勢能：感知無形之「水」 …………………… 127

第六章　Wow Time! 錯維的「哇噢」時刻 ………………… 155

第七章　品牌可感知的價值評估系統 ………………………… 181

第八章　案例解析：以錯維視角看產業競爭 ………………… 213

第九章　打造品牌：先錯維，後錯位 ………………………… 253

第十章　萬物皆可錯維 ………………………………………… 279

後記 …………………………………………………………………… 301

目錄

自序

在商業舞臺上,我們正處於一個充滿挑戰與無限機遇的時代。傳統的商業競爭方式正經歷著翻天覆地的改變,而這種改變的本質是「錯維競爭」。

「錯維競爭」並非簡單地顛覆傳統,而是一種革命性的商業理念,它敏銳地洞察了市場的變化和消費者的需求,同時,它也不再是傳統意義上的「對抗」,而是一種重新定義業務目標、重新構思產業規則的革新思考模式。

在這全新的競爭紀元中,商業面臨著前所未有的機遇和挑戰。隨著科技、全球化和社會變革的快速發展,企業必須不斷演進以適應這個不斷變化的商業環境。

從時間維度來看,在不知不覺間,我們經歷了4個商業階段(如圖1所示)。

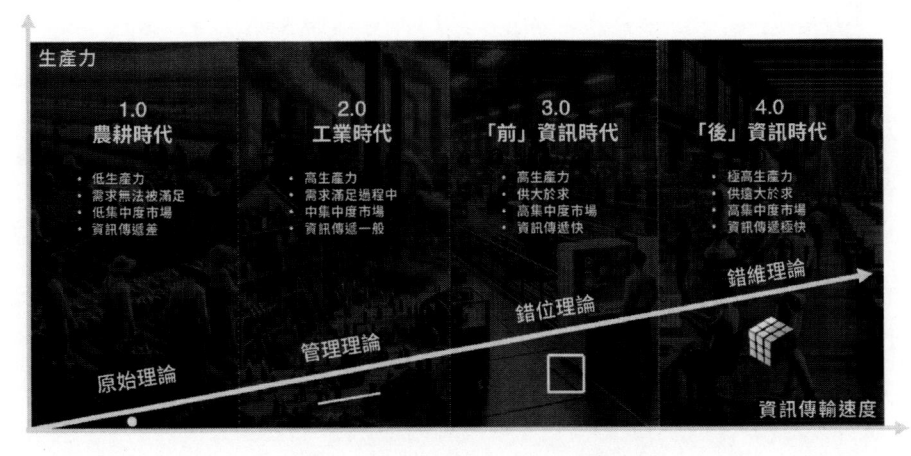

生產力			
1.0 農耕時代	2.0 工業時代	3.0 「前」資訊時代	4.0 「後」資訊時代
・低生產力 ・需求無法被滿足 ・低集中度市場 ・資訊傳遞差	・高生產力 ・需求滿足過程中 ・中集中度市場 ・資訊傳遞一般	・高生產力 ・供大於求 ・高集中度市場 ・資訊傳遞快	・極高生產力 ・供擋大於求 ・高集中度市場 ・資訊傳遞極快
原始理論	管理理論	錯位理論	錯維理論

資訊傳輸速度

圖1 我們經歷的4個商業階段

自序

■ 1.0 階段：農耕時代

這一階段代表著人類文明的初步蛻變。在這個階段，人類首次嘗試居住在固定的居所並開始了土地耕作。這一時代可以視為人類歷史上向現代文明邁出的第一步。此時生產力相對較低，大部分人的生活主要集中在滿足基本的生存需求，如食物和住所。貿易開始萌芽，但由於技術的限制，大規模生產和交易並不常見，市場的集中度相對較低。

這一時代的資訊傳遞方式非常原始。遠端通訊主要依賴航海或馬匹進行資訊的傳遞，大多數人在生活中只能接觸到非常有限的資訊，與外界的互動也大多局限在相對狹小的地域內。這種生活方式和資訊的閉塞性為後續的工業革命和技術變革埋下了伏筆。

■ 2.0 階段：工業時代（包含蒸汽與電氣時代）

這個時期的代表性發明蒸汽機，為人類的工業生產提供了前所未有的動力，使得生產效率和產能得到了顯著的提高。與之前以人力和畜力為主的生產方式相比，蒸汽機為大規模生產和工廠製造提供了可能。

隨著工業生產的發展，市場集中度也逐漸上升。產品可以在更大規模上生產，並迅速輸送到各地，滿足了日益成長的消費需求。在這一階段，消費者開始享受到更多元化的產品，其生活品質也因此得到了顯著提升。與此同時，通訊技術也迎來了重大突破，電話的誕生極大地加快了資料傳輸的效率，人們擁有了跨地域的即時通訊能力。此外，為了更好地提升生產效率，管理學理論開始盛行起來。

▪ 3.0 階段：「前」資訊時代

晶片誕生代表人類技術進步的又一重大躍升。在這個時代，電器和自動化技術的廣泛應用，使得產能得到爆炸式的成長。生產線的自動化不僅提高了效率，還確保了產品的品質和一致性。這樣的高效率生產導致市場上供應量的急遽增加，出現了供大於求的現象。

隨著生產技術的進步，企業開始尋求產品錯位的差異化，以滿足消費者多元化的需求。由此形成產品創新和市場細分的趨勢，為消費者帶來了更豐富、更具選擇性的消費體驗。

這一時期也是中心化媒體的黃金時代。隨著電視和廣播的普及，資訊可以迅速、廣泛地被傳播。這為品牌創造了前所未有的影響力，使其可以透過這些中心化媒體深入人心，塑造自身的形象。因此，品牌開始在消費者的心目中占據重要地位，品牌的意義和價值得到了前所未有的強化。電氣時代不僅是技術和經濟的進步，更是文化和商業模式演變的關鍵時期。

▪ 4.0 階段：「後」資訊時代（或稱人工智慧時代）

這個時代的生產力不僅得到了極大的提升，還深度融合了 AI 和 3D 列印等尖端技術。AI 的加入使得生產過程更加智慧化和個性化，而 3D 列印則賦予了生產無限的可能性，從客製化小量生產到複雜結構的製造都變得唾手可得。

資訊科技的跨越式提升讓資料傳輸速度達到了前所未有的程度，我們進入了去中心化的媒體時代，Web3.0 技術的誕生使得資訊傳播更加民主化和透明化。消費者對品牌的認知不再受限於單一或中心化的傳播管道，他們可以從多個維度、多個角度來全方位了解和感知品牌，這樣的整體性認知意味著消費者對品牌不再滿足於單一的、表面的了解。

在這樣的背景下，心智的概念被逐漸弱化，消費者更看重品牌的實際價值和體驗。他們的需求不再只是物質層面的，更多地涉及情感、精神更深層次的連接。商業競爭也發生了根本的變化，僅僅局限於平面的錯位競爭已經不能滿足更加立體的商業發展。多維競爭的時代已經到來，即品牌將從立體的、多元的視角展開競爭，建構未來的核心競爭力。而錯維競爭將成為「多維世界」的競爭法則。

階段交替之中的衝突與破局

今天，我們身處一個轉折的時代，正值3.0階段與4.0階段的交會處。這代表著人類將從「平面」時代，躍升為「立體」時代。有趣的是，儘管我們是三維的生物，但我們的思考模式卻往往局限在一維的線性邏輯中，而我們面對的外部環境卻又是多維的世界。這種局限性導致我們的認知與複雜多變的現實世界產生了極大的衝突，我們試圖用簡單的線性方式應對一個多元的、非線性的世界。

直到近年來，「內耗式競爭」一時間成了商業中熱議的話題。其概念是指在一個競爭激烈的市場中，企業和個體為了保持自身的生存和發展，不得不與同業者在某個相同的維度中無休止地競爭，哪怕這種競爭並不會帶來實質性的進步或成長。形成「內耗式競爭」的主要原因還是單維思考模式以及盲從效應。當企業無法跳出現有的思考框架，只是機械地複製他人成功的要素時，他們就陷入了這種「努力的泥潭」。要解決內耗式競爭現象，企業和個體需要跳出單維的束縛，跳出傳統的、局限的框架。

所以本書中我們提出的概念是維度與錯維，而不是錯位。雖然只有一字之差，但其中蘊含的意義是不可小覷的。「位」是一個有始有終、有界限的概念，它只能描述線性的關係；而「維」的概念則更開放、包容，能夠描述非線性、複雜的關係。「錯位」意味著在同一個維度上的偏離，它是線性的、有前後之分的。而「錯維」則意味著跨越不同的維度，它突破了線性的限制，強調的是多維度之間的互動和相互影響。使用「維」的概念，使我們能夠跳出固有的思考框架，嘗試以一個全新的、多角度的視野來看待問題。

如何能在瞬息萬變的時代獲得「全勝」

一時間，世界諸多的巨變撲面而來，我們已經進入了一個瞬息萬變的新紀元。那麼在這樣一個新紀元中，我們又將如何在時代的洪流中實現「全勝」呢？是一味地追趕？一味地迎合？還是一味地仿效？顯然都不是，恰恰相反，這將是一個「回歸」的時代。

技術的飛速發展不僅使我們能夠迅速獲得資料，而且使我們能夠從多個角度和維度來了解一個品牌。過去由於資訊的局限性，很多品牌都能憑藉表面的宣傳和行銷策略樹立一個美好的形象，但現在，這種情況將徹底被改變。

這種深入的了解，使得那些只依賴表面宣傳和浮誇承諾的行銷泡沫迅速被戳破。因此，在未來的商業中，那些真正能夠從根本上創造超越競爭對手價值的企業與品牌，將更容易脫離焦灼的同維競爭，成為各自領域中的「獨角獸」。

自序

隨著社會的進步和消費者認知的提升，商業的本質正逐漸從純粹的利潤追求回歸到「價值互換」的本質。這意味著商業不再是簡單的商品交換，而是在提供產品或服務的同時，更加注重價值創造和與消費者之間的分享。這種價值是多維度的，包含物質、情感、精神、文化和社會價值等。

在這樣的背景下，商業競爭也正在發生改變。過去的競爭往往集中在品牌知名度、市場占有率和價格上。而現在，更多的企業意識到真正的競爭力來自是否能夠提供獨特和有深度的價值。這種價值能夠滿足消費者的實際需求，引發他們的共鳴，甚至影響他們的生活方式和價值觀。

因此，未來的商業競爭將更加注重價值的創造和傳遞，那些能夠真正理解和回應消費者需求，提供超越單純產品屬性價值的企業與品牌，將更容易在時代中勝出。這是一場關於價值高低、深度和廣度的角逐，也是商業發展的必然趨勢。

錯維的新世界

遵循商業發展的必然趨勢，是在競爭中獲得成功的關鍵所在。企業不僅需要敏銳地洞察這些趨勢，而且要抓住機遇並迅速做出應對。沿著這一趨勢抽絲剝繭，錯維競爭成了新時代商業的尖端。正如開篇所說，錯維競爭不是簡單的改變，而是一種顛覆傳統模式的革新，一種重新定義商業規則的策略，更是一種全新的思考方式。

然而，改變是一個循序漸進的過程。為了更加深入地研究錯維競爭，本書應運而生。在書中，我們將深入探索維度的世界。

第1～3章，我們以價值為核心，釐清維度的各種概念（超維、增維、升維、跨維、降維等），從更加宏觀的角度幫助更多人看清維度的變化以及其對於最終結果的影響。錯維競爭的核心思想是競爭者透過不同維度上品牌價值的調節與最佳化，在同維的環境中，形成一個明顯超越同維競爭對手的價值系統。

第4章，我們透過發掘錯維的創意層面，進一步發現不同事物的錯維連接能夠產生全新的創意形式（錯維創意）。好的創意可以幫助品牌瞬間脫穎而出，獲得更多人的關注，最終以達到第6章所講述的錯維的「哇噢時刻」。

第5章，我們透過維度的變化，引入了勢能的概念，同時透過維度的變化而導致的勢能變化，讓你能夠更加清楚地理解事物錯維的過程。這一章借用田忌賽馬的經典故事來和讀者一起深入思考以強勝弱的重要性。

第7章，我們進一步將錯維競爭這個概念落實，提出了品牌價值評分系統，讓大家可以更加直接地看到品牌競爭者與自己身處不同維度的強弱關係，從而在雙方評分的基礎上，做出進一步的判斷：是選擇競爭，還是用錯維的方式調整自己的評分，或是放棄競爭。

第8～10章，我們透過解讀典型的產業案例，討論為什麼要先錯維，再錯位，並闡述了錯維下的品牌打造，探討了品牌未來的發展趨勢，最終邁向「萬物皆可錯維」的新世界。

在全新的世界中，錯維競爭不僅是為了顛覆，引領企業走向成功之路，它還代表了創新、靈活性和持續變革。商業也並非只談競爭與利潤，它更是一種關於創造、熱情和影響力的旅程。這是一個充滿創新火花和前所未有的可能性的時代，也是一個需要我們以更寬廣的視野和更深層次的

自序

思考來面對的時代。適應性和敏捷性將成為企業在未來競爭激烈的商業環境中的核心優勢。

我相信,每個企業都是一首獨特的詩,用自己的節奏、音符和旋律譜寫著自己的故事。在錯維競爭的舞臺上,企業將探索並發掘自己獨特的旋律,將其與眾不同的音符編織成絢爛的樂章。讓我們在追逐成功的旅途上不忘珍惜每一個瞬間,創造每一個機遇,為我們自己、為企業、為社會,繪製出一幅充滿活力與希望的美麗畫卷。願我們一同迎接這錯維競爭的新晨,譜寫全新的商業傳奇。

劉潤澤

第一章

單維競爭的終結，多維競爭的開端

在很長的一段時期內，資訊的閉塞使得消費者長期處於「盲人摸象」的行銷混沌時代，這個時代中人們很難去探尋事物的本質，資訊差也造成消費者對品牌的盲目追逐，更有甚者認為只要做好一個維度的事便萬事大吉，但這恰恰制約了新品牌的想像空間。

不知不覺，「內耗式競爭」成了業界熱門詞彙，你會發現與競爭對手處於同一維度競爭，所有人絞盡腦汁也無法跳脫單一維度對思考的局限。這終將是一場「傷敵一千，自損八百」的消耗戰，並且這場戰爭沒有贏家。於是，如何打破惡性循環的聲音越發強烈，成了商業競爭從單維向多維蛻變的導火線。

那麼，這個世界還有哪些變化？單維競爭的局限是什麼？更多維的世界是什麼樣子？未來的競爭有什麼發展趨勢？而我們又該以怎樣的思維去應對更殘酷的競爭？

1.1 一覺醒來，世界已經大不一樣

通訊技術的迭代使得商業世界的競爭環境發生了天翻地覆的轉變，一個全知的、立體的、無比炫麗的多維世界正逐漸地呈現在世人面前，我們可以稱之為「庖丁解牛」的新紀元。世人將以全知的形式了解身邊的一切事物，以及事物的一切細節，並加入與其他同類事物對比的詳細資料。

千篇一律的品牌與商品也開始進入黃昏期，我們開始窺見「億人億面」的蹤跡，也許在不久的將來，每個人使用的物品都將是為其量身訂製且獨一無二的。需求的多元化升級也將建構出一個多維的新世界（如圖1-1所示）。而這嶄新的一頁，我們已觸手可及。

圖 1-1　伊隆馬斯克機器人 [001]

---

[001]　Tesla YouTube：2023 Investor Day。

1.1 一覺醒來，世界已經大不一樣

美國時間 2023 年 3 月 1 日，馬斯克[002] 在德州超級工廠舉辦的投資者日活動上表示：機器人未來可以自己製造自己，而且未來的數量將遠超人類。此言論一經發表，引得全球譁然，人們驚詫之餘連連發出感嘆，就在我們眨眼之間，自己認為的鐵飯碗彷彿都開始搖晃了！

2022 年 11 月 30 日，人工智慧（AI）研究機構 OpenAI 推出了全新概念的聊天機器人 ChatGPT，僅上線 2 個月就獲得超過 1 億名使用者。它不僅可以和你探討深奧的學術問題，還可以根據你的需求在幾分鐘之內幫你編寫好公司官網的程式碼，為你即將購買的商品提出建議，幫助你分析商品的各項指標。如果你正在追求一個心儀的女孩，又不懂得如何表達，沒關係，交給 ChatGPT 吧。

此外，就本書的主題及對於維度變化的看法，我們也可以跟它聊聊看！

有時候你可能會覺得它是一本正經地胡編亂造，但沒關係，就在短短的幾個月之後，更加強大的 GPT-4 上線了，它不但糾正了此前的系統錯誤，而且融入了圖片的辨識與影像輸出功能。然而如此強大的系統只是它的萌芽狀態，不敢想像當 GPT 某一天具備了人類的五感，或自我意識覺醒之後，又會是什麼樣的場景。

2021 年 11 月 19 日，美國著名歌手小賈斯汀[003] 在虛擬音樂平臺 Wave 上舉辦了個人首場元宇宙演唱會驚豔全球（如圖 1-3 所示）。Wave 運用先進的數位模擬與即時動作捕捉系統，讓小賈斯汀僅在攝影棚穿著特殊的服裝，就完成了整場演唱會。智慧系統將現場即時轉換為數位場景，瞬息萬

---

[002] 全名伊隆‧馬斯克（Elon Reeve Musk），1971 年 6 月 28 日出生於南非的行政首都普利托利亞。美國、南非、加拿大三重國籍的企業家、工程師、發明家、慈善家，特斯拉（TESLA）創始人兼執行長，太空探索技術公司（SpaceX）執行長兼技術長、推特執行長。

[003] 小賈斯汀（Justin Bieber），1994 年 3 月 1 日出生於加拿大安大略省史特拉福市，加拿大流行樂男歌手、影視演員。

變的舞臺,讓小賈斯汀隨時穿梭於海洋、沙漠、城市、宇宙等無數場景中,並且小賈斯汀的所有動作也都做到了完全同步。

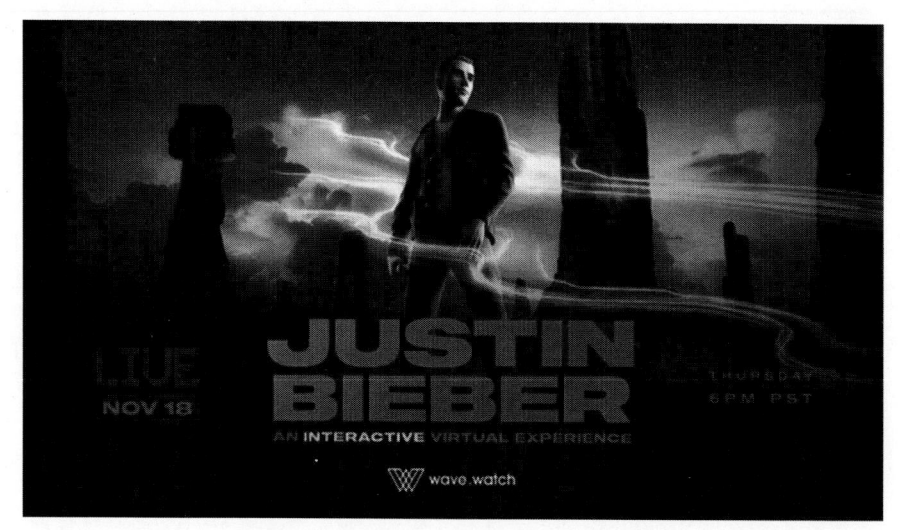

圖 1-3　小賈斯汀演唱會官方宣傳圖

1.2 你需要了解的「嚇尿指數」

　　時代的躍遷帶來了新的名詞「嚇尿指數」。對,你沒有看錯,就是「嚇尿指數」。它是由 Google 技術總監、美國奇點大學創始人雷蒙・庫茲維爾(Raymond Kurzweil)針對人類社會發展速度提出的新名詞,其基本含義是將一個生活在若干年前的人帶到我們現在的生活環境,如果他因為現代的交通、科技和生活狀況而感到恐懼,那麼這個若干年就是我們這個世紀的「嚇尿指數」。就比如 300 年前的清朝人透過時空隧道穿越到現代社會,當他看到高聳入雲的摩天大樓、能夠隨時跟萬里之外交流的手機、滑行在天

1.2 你需要了解的「嚇尿指數」

空中的 Airbus 飛機,可能瞬間就被「嚇尿」了。

1969 年阿波羅成功登月後,蘇聯毅然決然地叫停了與美國的軍備競賽,原因是蘇聯覺得美國登月的消息並不屬實,更像是在好萊塢電影棚拍攝的景象。而美國卻不以為然,他們認為地球與月球沒有多大差別,沒必要糾結這些。此次阿波羅太空梭從指揮到運行,整套過程的算力耗資千億美元。然而這樣的算力相比今天普通手機的算力卻相差了數萬倍(如圖 1-4 所示)。

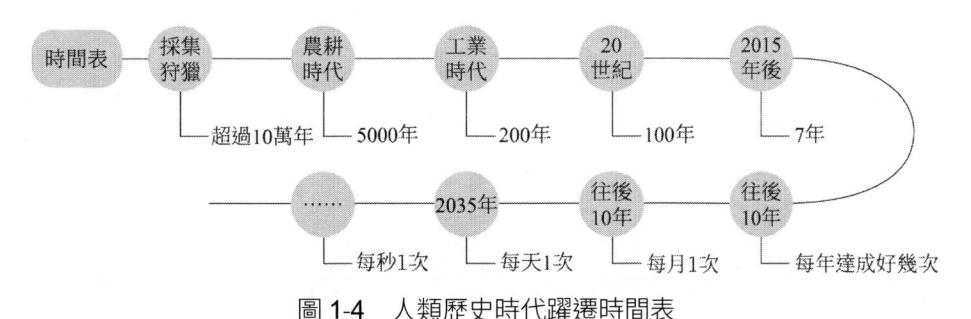

圖 1-4 人類歷史時代躍遷時間表

庫茲維爾認為,「嚇尿指數」並非一成不變,它正在隨著人類科技的發展而逐漸變短。人類從最早的採集狩獵時代到農耕時代經歷了 10 萬餘年,從農耕時代到工業時代用了 5,000 年,而在 2015 年後「嚇尿指數」縮短到 7 年,其縮短的時間也正在以指數級的速度變化。2035 年後,我們可能每天都會經歷 1 次「嚇尿指數」。

曾經紅極一時的大哥大、底片相機、MP3 等,似乎一夜之間離開了我們。甚至你都很難再去適應 3 年前心愛的手機。所以當時代拋棄你的時候,連一個招呼都不會打。是的,也許是時代根本來不及跟你打招呼吧。那麼現在的世界都在發生哪些變革呢?而我們是否已經被拋棄了?

1.3 世界正在發生的多維變革

消費人群與消費需求的變革

Z世代是指出生於1995～2009年的族群，他們是數位技術的原住民，在消費觀念以及生活方式上都與Y世代形成了鮮明的反差。Z世代由於受到智慧型手機、平板電腦、VR體驗等數位技術變革的影響，擁有自我獨立的個性，更加注重產品的體驗感和自我價值的實現。

1980年代時，人們的消費需求僅停留在馬斯洛[004]提出的溫飽和安全性的需求。進入Z世代後，人們則更加重視社交的需求、被關注的需求及自我實現的需求。現在的年輕人不僅關注產品的品質，還關注情緒與精神價值能不能直達他們的內心。他們不再迎合他人的喜好，活得更加瀟灑與自我。有時你可能會聽到Z世代的年輕人的自我調侃：「1995年後出生的都是佛系青年，主打的就是一個真誠。」他們是樂於分享的一代，其消費觀不再來自傳統媒體，更多是來自身邊的好友、喜歡的主播。「種草」與「拔草」成了更受歡迎的行銷模式。

Z世代消費者有兩大典型特徵：一是偏向於社交性，往往會為帶有社交屬性的產品買單，喜歡「種草」，樂於在虛擬世界以「社交貨幣」消費；二是願意以精神消費驅動實體消費，凡是感興趣、體驗感強的產品就能獲得他們的青睞，如IP公仔、盲盒（如圖1-5所示）。

新生代消費者的習慣與需求已悄然呈現，企業想要吸引這一族群的注意力，當務之急是要「定位精準、風格自洽、融入年輕人」，讓產品保持

---

[004] 亞伯拉罕·馬斯洛（Abraham Maslow）是美國著名社會心理學家，第三代心理學的開創者，提出了融合精神分析心理學和行為主義心理學的人本主義心理學，於其中融合了其美學思想。

1.3 世界正在發生的多維變革

年輕化。

　　街頭巷尾湧現的陸地衝浪板、霸占「足球場」的極限飛盤、被「發燒友」們笑稱帶劍走江湖的高山滑雪……一躍成為年輕人熱捧的「頂尖」運動，當年輕人樂此不疲地享受沉浸式體驗的樂趣時，由此衍生出的俱樂部、訓練營也是蓬勃發展。而一邊損害健康，一邊養生保健的「龐克族養生」行為，也在年輕人群中流行開來，炸雞配熱茶、可樂放黨參、Disco貼膏藥、啤酒加枸杞……這些彆扭行為的背後影射的正是年輕人既要及時行樂，又想無病無恙的矛盾心理。

圖 1-5　Z 世代的年輕人 [005]

　　不可否認，我們都深刻地感受到品牌年輕化為消費、商業帶來的變化，以興趣、社交、體驗為主的消費不斷推動品牌的迭代升級。不僅如

---

[005]　AI 生成圖。

此，Z 世代消費者自帶的特質讓「沉浸體驗」、「顏值經濟」、「寵物經濟」，包括我們前面講到的「種草」等都不再局限於想像中，而是對應到現實世界，衍生出多種更具魅力的新業態。不得不說，「年輕力」正在推著品牌成長，而新商業格局正在變革中與時俱進。

資訊科技與媒體的變革

不經意間第三代網路 Web3.0 時代已經到來（如圖 1-6 所示），我們不再局限於 Web1.0 第一代網路時代的資訊單向傳輸——只可瀏覽，不可編輯；也不再束縛於 Web2.0 第二代網路的媒介或平臺——雖可自由創造內容，卻無法享受相關權益，全部權益歸平臺所有。Web3.0 時代突出表現的是資訊的去中心化，每個人都是一個獨立的節點，使用者的個體價值得到了更為體面的尊重，人們不僅可讀、可寫，還可享有自己所創內容的所有權和收益，透過公共的區塊鏈網路、高度的互通性，真正實現了萬物互聯。

	Web1.0	Web2.0	Web3.0
載體	電腦	手機	多維一體
資訊方向	單向	雙向、少量價值	雙向、價值交換
應用範圍	消費媒介	購物與服務	生活在其中

圖 1-6 資訊科技與媒體的變革

Web3.0 無形中也改變了未來資訊的傳播方式，從中心化媒體時代，逐步轉向去中心化媒體時代。在中心化媒體時代，資訊是閉塞的、不流通的、不對稱的，消費者購買產品時看到的只是商家想讓他們看到的表面資

訊，往往不夠具體與完整；到了去中心化媒體時代，整個世界可以非常清楚、透明、完整地展現在消費者面前。當消費者可以更立體地了解他們所購買品牌的商品時，購買需求也將隨之變得更加多元。

消費者將逐步告別「盲人摸象」的時代，在越來越了解產品的同時，也越來越了解自己。而 AI 技術的出現，將使得這一進程加速，進而帶動需求進一步碎片化與細分化，如審美的分化、時間的分化、場景的分化、思考的分化等，以至於消費者的消費觀念也越來越個性化。

大眾的心智受品牌行銷的影響逐漸減弱，明星的影響力也逐漸變小。年輕消費者的消費決策可能來源於他喜歡的某個主播，也可能是他身邊的朋友，抑或是平臺根據其喜好統一推送的內容。可謂是推薦得越精準，使用者就越容易上癮，也越容易留住使用者。比如，某新聞媒體 APP 就是根據人群不同維度，細分到年齡、地域、喜歡領域等各個維度，透過不同維度人群投票喜好文章的分析統計結果，精準地為每個人推薦不同類別的熱門文章。

當然，不受局限的連接方式也將帶給我們更多的創意與創新的方式，這些都值得我們拭目以待！

生產力的變革：B2C 到 C2C、C2B、C2M、3D 列印

工業生產力的提升，進一步促進了供大於求的消費關係。未來較長的一段時間，都將是以消費者為主導的商業時代。未來的產品將以消費者為主導設計來完成，每個人都可以訂製自己獨一無二的聯名款。比如，以前我們要選購一雙鞋，只能跟隨品牌的腳步，被動選擇生產好的款式和配

第一章　單維競爭的終結，多維競爭的開端

色。近兩年，很多品牌推出了個性化的客製服務。Vans[006] 上線了 Customs 客製鞋平臺，消費者只需要花同款產品的市場價，就能自主線上隨意搭配色調和選材，為自己打造一雙獨一無二的專屬款球鞋。

從商業角度來說，這個轉變過程是從 B2C[007] 到現在的 C2C[008]、C2B[009]。在不久的將來，消費者如果喜歡某件產品，可以與廠家溝通產品的設計、客製方案，參與整個生產流程，在消費者體驗和提出建議後再預售並製造。即使生產完成，消費者依然可以給予回饋意見。這意味著傳統的工廠逐漸網路化，將大量的生產和個性化客製結合起來，消費者也逐漸從選擇性消費變成了終身消費。

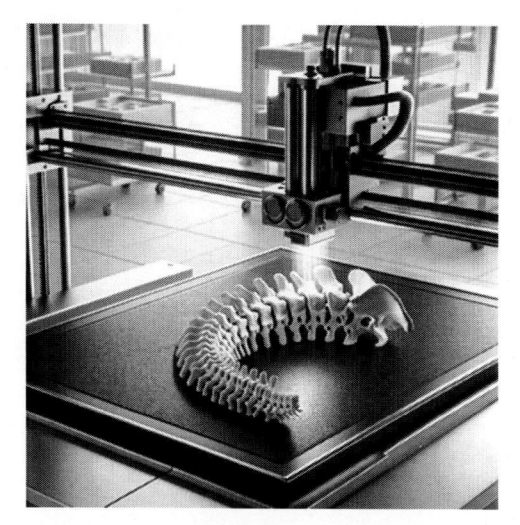

圖 1-7　3D 列印應用示意圖 [010]

[006]　Vans 於 1966 年誕生於美國南加州，是原創極限運動潮牌，致力於發展原創性的同時支持全世界的板類和車類運動。
[007]　B2C 主要是指商業機構透過網路對消費者提供線上銷售服務。
[008]　C2C，即 C to C，主要是指消費者與消費者之間的電子商務，也就是個人與個人之間的網路交易。
[009]　C2B 是消費者對企業的電子商務模式，即工廠做完了產品找管道賣給客戶，客戶單方面接受。
[010]　AI 生成圖。

1.3 世界正在發生的多維變革

而 3D 列印技術的出現將使碎片化的客製生產成為可能（如圖 1-7 所示）。眾多人認為 3D 列印將是第三次工業革命，「一切皆可列印」已並不遙遠。其應用範圍已悄然滲透人們生活中的每一個角落，未來的 3D 列印將會在三個方面得到更加深入的應用。

1. 航空太空領域的應用。就在現在，飛機與太空梭核心精密部件都逐步開始由 3D 列印完成。如果在空中缺少什麼物品，不用再使用火箭投送，交給 3D 列印就可以。

2. 生物醫療領域的應用。3D 列印不僅可以列印人類的骨骼，而且可以透過幹細胞的分化列印人類的五臟六腑。可以想像在不久的將來，人類的壽命將會大大延長。也許我們再也不用擔心健康問題了，因為哪裡不好就可以列印哪裡。

3. 消費領域的應用。3D 列印食品，西班牙、以色列等一些國家的生物公司已經開始了 3D 列印牛肉的研發工作。想要什麼樣的口感、什麼樣的花紋，通通都可以幫你安排得明明白白。

或者未來我們每個人的家裡都會有一臺可以列印萬物的 3D 列印機！需要什麼，我們只需要告訴 AI 來幫我們啟動列印程式就可以了！

科技的變革：AI 智慧機器人，ChatGPT 與 AI 大模型

不得不說，AI 機器人正在滲透各個領域，為我們的生活帶來了翻天覆地的變化。AI 憑藉高超的智慧能力建構了強大的人工智慧系統，小到奈米級機器人，大到 4D 列印創新工場，未來十年，許多複雜、枯燥甚至創新型的工作職位或將被人工智慧取代。

例如，你可以隨便說一句話：福特野馬改裝車，剩下的事交給 AI 繪畫

第一章　單維競爭的終結，多維競爭的開端

設計師就好了。它接到你的口令會立刻啟動 AI 智慧系統，一會工夫便會幫你繪出一幅理想的改裝車設計圖，這項技術以及其革新速度都令人瞠目結舌，難怪很多職場人士已經坐立不安，覺得自己的工作有些岌岌可危了。

AI 機器人還能幫助企業 CEO 完成演講稿和人力資源產業的分析報告，創作引人遐想的藝術作品……目前 AI 已催生了行銷、建築和內容領域的創造性工作，在不斷生成全新內容的情況下大幅提升了生產力。有人稱，未來人工智慧就像水和電一樣，會成為人類生存的基礎設施，還將應用到科學、汽車、醫療、製造、航空太空、媒體、娛樂等領域，煥發眾多產業商業變革的春天。

2021 年某位虛擬主播的一部影片完成漲粉 300 萬名，瞬間衝上熱門話題。這也帶動了短影片與直播產業向虛擬主播升級的進程，說不定我們看到的很多短影片或直播已經由 AI 代勞了，只是我們沒有發覺而已。

在設計方面，AI 機器人已經在繪畫、3D 渲染、創意設計等領域獲得了很大的進步。比如，你可以告訴 AI 用 Cyberpunk 的風格來描繪未來的世界（如圖 1-8 所示）。

在未來，AI 機器人也會在更多的層面參與消費者的決策，那麼機器人的決策還會來源於傳統的心智模式嗎？大機率不會，機器人會在網路或現實中依靠更多元的資料幫助你分析你所購買的產品，最終給你一個最適合自己消費習慣且綜合效能最佳的決策方案。因為機器人的決策模式是基於多維的大數據分析，並非單一維度的產品。

突然一個疑問冒了出來：未來我們人類要做點什麼呢？

圖 1-8　AI 繪畫 [011]

1.4 空間的變革

空間的變革

　　2024 年 2 月 2 日蘋果公司的首款空間運算設備 Apple Vision Pro 設備在北美上市。這代表著我們的生活空間即將迎來一次革命性的變革，隨處可見頭戴 Apple Vision Pro 的年輕人，他們在公園、地鐵、街頭隨意在空中揮動雙手，彷彿正在擁抱著的一個未知的新世界。與傳統 AR、VR 眼鏡不同，Apple Vision Pro 開啟了虛擬世界與現實空間融合的大門（如圖 1-9 所示）。人們可以在虛擬與現實的空間中隨意切換，甚至你只用坐在家中就可以沉浸式的遊覽全球的名勝古蹟，隨時約見大洋彼岸的朋友，或是任意調取全網對你有用的資料資訊。

---

[011]　AI 生成圖。

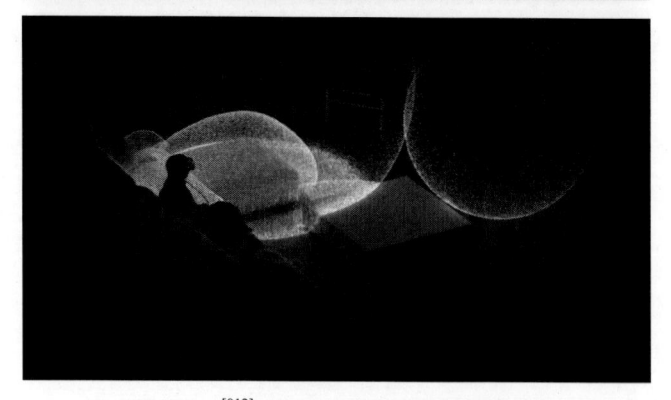

第一章　單維競爭的終結，多維競爭的開端

圖 1-9　[012]Apple Vision Pro 概念圖 1

[012]　圖片來源：www.apple.com/apple-vision-pro

1.4 空間的變革

與此同時，2024 年 2 月 16 日 OpenAI 發表了第一個文字生成影片的模型──Sora。與傳統 3D 渲染不同，Sora 創造了全新的多模態處理形式，模擬了人類觀察世界與描繪世界的方式，類似於人類的思考或夢境場景呈現的邏輯。與其他僅能生成幾秒影片的 AI 不同，Sora 可以輕鬆生成一鏡到底的 60 秒影片，不難想像未來人人都可以成為導演。然而 Sora 的終極目標並非只是實現一個 AI 影片的工具，它希望運用這樣的「模型工具」為真實的世界建模。這種改變將會極大的影響不同領域，例如無人駕駛、影視與廣告、短影片、教育產業等。

圖 1-10　Sora 影片 AI[013]

---

[013]　AI 生成圖。

第一章　單維競爭的終結，多維競爭的開端

試想一下，當我們頭帶 Apple Vision Pro，暢遊在 Sora 所建構的「全新世界」會是什麼樣的體驗，我們甚至無法分辨到底什麼是現實，什麼是夢境。正如那句話，「未來」與「天邊」或許真的只在你我的一念之間（如圖 1-10 所示）。

空間的概念正在一次又一次地被改寫，從元宇宙到空間運算，一切皆有可能的未來已不再遙遠。此外，隨著 SpaceX 航太技術的不斷推進，火星移民的話題也被炒得火熱，我們不妨大膽暢想一下，火星上的消費場景又將是怎麼樣的呢（如圖 1-11 所示）？

圖 1-11　未來火星生活場景 [014]

產品邊界的變革

近幾年最引人矚目的當屬天價 NFT 藝術 [015] 藏品，例如 2021 年 3 月，美國畫家邁克・溫克爾曼（Michael Joseph Winkelmann）用自己 5,000 天的

---

[014]　圖片來源：www.apple.com/apple-vision-pro
[015]　「NFT」（Non-Fungible Token），中文翻譯為「非同質化代幣」，就是不能互換的代幣。NFT 作品本質上就是一種有價值的虛擬網路物品，但和一般的虛擬網路商品有所不同的是，NFT 是經過加密的，具有唯一屬性，並且具有確權性，一旦掌握了其私密金鑰，誰也改變不了擁有它的事實。

1.4 空間的變革

畫作拼貼的圖片藝術品〈每一天：最初的 5,000 天〉[016] 竟被拍賣到 6,930 萬美元（如圖 1-12 所示），因為它是以數位作品鑄造的 NFT，所以被認為是目前最富價值的數位典藏之一。隨後「NFT」順利進入大眾視野，不少投資者迅速測試該領域的水溫，力圖搶占市場先機。

圖 1-12 〈每一天：最初的 5,000 天〉

藝術家卡特蘭（Maurizio Cattelan）用一條灰色膠帶把一根香蕉黏在牆上，取名〈喜劇演員〉（*Comedian*），賣到 12 萬美元；他將一張藝術家的睡床和一堆雜物搬到展館，取名〈我的床〉，賣了 2,700 萬元；他用裝滿甲醛的魚缸浸泡的「鯊魚」，取名〈生者對死者無動於衷〉，賣到 800 萬英鎊；

---

[016] 〈每一天：最初的 5,000 天〉（*Everydays: The First 5,000 Days*，又譯為〈每一天：前 5,000 天〉）是世界上第一件在傳統拍賣行出售的純數位作品。它是一件非同質化代幣（NFT）作品。

極簡主義始祖盧喬・豐塔納（Lucio Fontana）的空間概念系列〈空間概念，等待〉，在一塊畫布上劃了一道劃痕，探索與割口之外「第四維度」的黑暗空間，賣到 5.6 億美元。

變革是新秩序的開始

毫不誇張地說，從人類誕生以來，商業變革就從未停止過，有變革就會產生危機，而危機又總會為我們帶來機遇。正如美國總統甘迺迪（John F. Kennedy）曾經問到如何用中文解釋「危機」二字，有人告訴他：「在中文裡，危機是由危險和機會兩個片語成的，即危險意味著機會。」甘迺迪聽後拍案叫絕：「能把兩個毫不相干的詞融合成一個東西，太厲害了。」

各種維度的變革讓我們原本平面的世界更加立體，也必將誕生無數個新的機遇。每當這個時機，總會有善於掌握機會的「黑馬」闖入傳統的產業之中，用新的概念與趨勢，重新改寫產業的遊戲規則。

而危機則促使社會結構和行為方式發生改變。不難發現，疫情之後，人們的諸多生活習慣已經隨之改變，比如戴口罩、保持社交距離、居家辦公等。原本不被重視的自煮小火鍋、買菜 APP 等瞬間成了家庭中的「座上賓」。此外，行動的不便也促進全球線上教育和遠距辦公的普及，這些新的工作和學習方式也將逐步成為未來的主流。

在變革與危機並存的商業中，對於品牌而言同樣是一個新的挑戰。我們更需要盡快融入全新的環境，適應當前的變化，尋求「破圈」的路徑。

1.5 西方早期的行銷理論遇到了困境

從產品過剩到品牌過剩時代

工業革命後商業的供給能力逐步增強,也將更多產業從供不應求推向了供大於求的局面,突圍的呼聲愈演愈烈,而廣播與電視技術的普及為新的銷售方式提供了有利的土壤,於是行銷的理論猶如雨後春筍般橫空出世。

不可否認,20世紀的西方行銷管理理論,對於當代商業商戰發揮了至關重要的作用。在那個生產力過剩而品牌匱乏的時代,新的理論幫助企業有了更多的發展空間。從美國人羅瑟・瑞夫斯(Rosser Reeves)提出 USP(Unique Selling Proposition)行銷,到麥可・波特(Michael Eugene Porter)的差異化策略,再到阿爾・雷耶斯(Al Ries)與傑克・特魯特(Jack Trout)於1970年代提出的定位理論等,無不將產業的邊界從單一的點逐步向更加廣闊的面拓展,並讓無數的創業者找到了能夠聚焦的一席之地。

找到自己與競爭對手獨特的點與「進入消費者心智」的概念也被眾多創業者所認同,成為某一品類的代名詞的概念開始紅起來。從販賣產品到販賣品類與核心價值,在混沌的市場中,無疑使懂得掌握機會的創業者得到了不錯的回報。「得心智者,得天下」一度成為各大商學院與培訓機構的熱門課程。甚至大多數的品牌顧問與企劃公司在服務的過程中都會提出這樣的概念:想要做品牌我們是否可以找到獨特的定位,或創造某一新品類。

然而有了精準的定位之後,你依然需要在行銷層面耗費大量的金錢與精力,這對於初創型的企業並不友善,反而是讓那些已經完成原始累積的企業有了從產品到品牌的蛻變機會。在中心化媒體的時代,這件事相對容

易，因為大多數人會關注共同的電臺與電視頻道。所以在那個多數人並沒有清楚品牌概念的年代，只要敢投放媒體廣告，很容易就可以引爆一個全國性的新品牌。

此外，經過半個多世紀的發展，在技術與生產力再次升級之後，品牌被模仿的速度也大大提升。你會發現當下市場過剩的不僅僅是產品，連同品牌的概念也開始過剩起來。當有了新的品類概念，所有人都會趨之若鶩，恨不得一夜之間就要「逼死」其他競爭者。

隨著時間的慢慢推移，原本空蕩蕩的同業市場早已經被各種細分與差異化所占滿，品類機會逐步減少，簡單的平面已無法承載更多的市場空間。品牌的溢價源於稀缺性，而同維的競爭無法實現稀缺性（如圖 1-13 所示）。

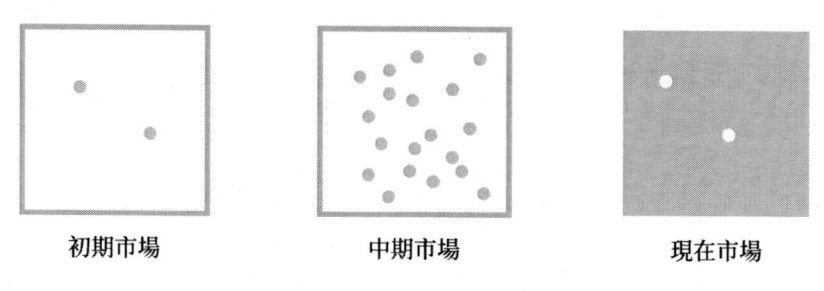

| 初期市場 | 中期市場 | 現在市場 |

圖 1-13　市場的不同階段

那麼在品牌過剩的時代，如何變革才能突出重圍呢？

單維價值已經無法滿足消費者的多元化需求

產業競爭的加劇使得消費者的需求也發生了變化，僅僅是具備明確的品類標籤，或某類價值的突顯是不夠的，需求變得越發立體。今天，如果你準備買一輛新能源汽車，你並不會只考慮續航里程或安全性問題，價格、售後服務、人機互動程度等因素都會影響你的購買決策。我們往往會

1.5 西方早期的行銷理論遇到了困境

趨向於選擇預期價位車型中的綜合價值最佳方案。

擁有自己的差異化與定位固然重要，但如果僅僅擁有這些，對於當代的品牌競爭而言是遠遠不夠的。我們似乎只考慮了橫向平面的差異關係，卻完全忽略了消費者更多元化的需求，忽略了縱向競品之間的強弱關係，忽略了我們所處的競爭環境與產業趨勢。

假設你發現星巴克都是全自動咖啡機製作的產品，那麼精品手沖咖啡應該是一個不錯的品類機會，你決定用與星巴克相同的價格販賣，但由於自己的預算不足，只能租一個小小攤位作為門市。你十分興奮地把自己的品牌小店開了起來，最終卻發現，星巴克依然是門庭若市，而你的咖啡卻少有人光顧。

問題到底出在哪裡？是你的差異化與定位不夠清晰嗎？還是你的產品不夠美味？顯然都不是，而是你掉入了差異化就是一切的單維陷阱之中。拋開品牌力不談，單是一杯150元的咖啡，消費者在星巴克都獲得了什麼？充滿咖啡香氣的寬敞而又優雅的環境體驗、舒適的沙發座椅、可以搭配咖啡的甜品與簡餐、不滿意就可以重新製作的服務等，而你的門市呢，貌似只有一杯味道還算不錯的咖啡。

這一切對於你而言是否似曾相識，也許你販賣的並不是咖啡，但在你的實際競爭環境中，需要你思考的遠不止差異化或產品這些單一維度的要素。150元承載的也不是單一的產品，而是一整套的價值系統。除非你可以在自己的差異化之上做到完全不可替代性，否則你就需要重新審視自己與競爭對手的價值組合。

希望用單維價值滿足消費者的多維價值需求，很難在未來的競爭中脫穎而出，因此我們需要用多維的價值系統重新審視自己，並找到適合自己

的位置。而平面的競爭理論，無法適應更加立體的商業變革，很多時候我們都深陷無盡的同維競爭。

消費主題、消費空間、產業技術、產業生產力不斷地變革，逐步將現代商業帶入一個更加立體與多維的世界。然而傳統的品牌理論、差異化策略、競爭思維等，似乎早已止步不前。仔細研究 20 世紀與當代的行銷理論，不難發現它們均屬於平面（二維）的競爭邏輯，均是以品類為起點，探索如何優先於競爭對手提出獨特的價值主張，如何實現差異化，如何實現品類分化等，但這些內容始終都沒能脫離平面的限制。

我們總是渴望用一維或二維運算方法去解決 N 維問題的困境，但現實卻是多維的商業，需要更加立體的運算法則。況且，未來的品牌競爭並非品類內部的競爭，而是超越了品類，進入場景競爭。不同的品類之間，最終也會變成競爭對手，那麼同場景中，品牌的優勢還會源於單一價值嗎？

難道差異化策略與定位理論已經在失去意義了嗎？當然不是，只不過它只能作為運作品牌的一個維度，現在的競爭環境已不是單純考慮心智階梯的時代了。對於企業而言，我們需要用更多維度的價值，來擴充品牌的邊界。從單維的點線面，向更加立體的競爭態勢轉變。就如同海洋的生態，所有的魚不可能僅出現在同一水層，每一水層都會發現不同樣態的生物。

說白了，是應該升級系統的時候了！在更加多維的商業環境中，我們需要更加立體的思考系統。

1.6 我們的創業者也彷彿遇上了大麻煩

單維認知與同維競爭：
看到別人成功就開始生搬硬套，導致惡性競爭

我們的產品絕對是領先市場的，絕對不輸任何產業領導品牌！

我們找到自己獨特的定位，這一次一定可以一鳴驚人！

我們的價格已經是業界地板了，為什麼還是賣不動？

每次走訪企業的時候，總會有客戶提出這樣的觀點或問題。你會發現他們都有一個共同點，就是只會站在自己擅長的維度去思考整個產業的問題，去面對整個產業的競爭環境。在他們眼中，彷彿自己擅長的這一個點就是未來整個產業的核心，卻不知除了自己看到的重點之外，消費者更在意哪些維度；殊不知整個產業的競爭，已經拓展到多個維度，不僅需要產品，還需要好的品牌形象、價值主張、服務、體驗等多維度組合。

這一切都源於我們有限的單維認知。柏拉圖的洞穴寓言是柏拉圖在《理想國》(*Republic*) 中提出的哲學觀點。這個比喻描述了人們對於現實世界的無知，就好比一群生活在洞穴裡的人，如果外界有火光射入，他們往往只能看到物體在身後牆壁上的投影，卻始終無法看清事物的本質。因此想要走出產業的混沌，我們必須跳出現在的「洞穴」，進入「真實的世界」，用更高維度的視角審視當下的競爭。

此外，商業之中也不乏「羊群效應」，由於受到產業維度的局限，各產業的創業者，多數會選擇跟產業大多數人相同的行動方式。這也無形中加劇了產業「內耗」。產業中惡性競爭往往來自同維的競爭困境。這也恰恰是

外部跨界選手能夠成功「攪局」的原因，因為他們能夠跳出產業的維度，用其他不同的視角重新審視產業的結果。

深陷認知沼澤

為什麼不是認知陷阱，而是認知沼澤？原因是陷阱很容易被人們意識到，失敗者馬上可以醒悟並吸取教訓，但沼澤卻不然，很多自認為優秀的人往往深陷其中卻不自知，身處自我認為無敵於天下的泥潭和現實中強大的對手所潑的冷水之中。一絲勝利往往就會讓你燃起再次出發的勇氣，但你不知道的是，當你邁出第一步的時候，你已經輸掉了比賽。

雖然這話並不好聽，但當局者常常是被現實徹底擊潰之後才能意識到。然而不是所有人沉到泥潭底部還能輕易翻身。對於我們而言，能做的就是不斷提升自己的認知維度，清楚地看待敵我勢能的強弱，並遠離認知沼澤。

2018年夏天，某科技品牌的新品發表會如期舉行，即使外面大雨滂沱，也擋不住人們的好奇心，大家的目標是一致的，就是想要一睹羅永浩所說的那款能夠「改寫人類電腦歷史」的革命性設備，有可能還會是失去靈魂的蘋果瘋狂抄襲的產品。可是，發表會上的手機令現場觀眾大失所望，產品的創新實在過於勉強，只是外觀仿製了 Surface Studio[017]，這樣的產品是為了創新而創新，這樣的重新定義違背了一般的邏輯。所以，最後羅永浩只能默默念叨著：「搞砸了，搞砸了。」

該手機的失敗究竟在何處？最為關鍵的問題是手機領域的競爭絕非單純的嘴上工夫，而是經濟實力與科技研發能力的角逐。該手機沒有找到適

---

[017] Surface Studio 是 2016 年 10 月 26 日微軟在紐約發表的一體機。

1.6 我們的創業者也彷彿遇上了大麻煩

合自己的產業生態位置，一上來就選擇正面硬槓蘋果，這並不是個明智的選擇，因為再好的概念最終還是需要落腳到產品上。然而產業其他選手的策略方向就比較取巧，小米對於時勢的判斷就非常清晰，絕不單挑老大，用高 CP 值贏得了市場；OPPO 手機切分年輕人的拍照神器，這些才是最強的核心競爭力。

多數時候，人們很難跳出自我認知去客觀評價與外在競品的強弱關係。俗話說得好，淹死會游泳的——「會游泳」是自知，卻不是真知，因為不是所有「水塘」的環境都跟你所熟悉的「水塘」一致。有時並不是你不夠優秀，而是你的對手太優秀了。

羅永浩再次出現在大眾面前時，是以短影片帶貨大咖的身分，並用「脫口秀」的優勢上演了「真還傳」。你說他是為了還錢，至少在商場中證明他是一個講信用之人；你說他之前是沒有認清趨勢、陷在自己的認知裡「自娛自樂」，但可以肯定的是，他自認為可以改變人類的創新科技手機失敗最重要的原因，就是當年的自己沒能走出認知的沼澤。

認知沼澤是多數創業者的通病，尤其是在各自領域已經獲得不錯成績的創業者，往往在到了新的環境或是重新選擇賽道時，都會顯得過於充滿自信。其實環境的變化與切換新的競爭對手，都會造就新的強弱關係，而我們更是需要用動態的眼光審視每一場戰鬥。

「刻舟求劍」的僵化思維：商業競爭就是一場流變的戰爭

有這樣一個小故事，滿身健美線條的年輕人自信滿滿地走到 10 年前暗戀的女孩面前，驕傲地說：「看看我，花了 10 年，終於變成了妳曾經喜歡的那種身材，我們在一起吧！」女孩調皮地眨了眨眼，說：「嘿，你晚了

10年！現在我喜歡的是⋯⋯」說著，她拉起旁邊那位油膩大叔，「這種風格。」然後倆人手牽手走了，留下一個「傻眼」的年輕人。

雖然這只是一個笑話，但故事的情節卻對映了很多創業者的僵化思維。全世界90%以上的資料是在過去短短兩年內產生的，而我們似乎已經習慣了用「刻舟求劍」的方式來解決未來發生的諸多問題。我們非常喜歡用10年前的成功經驗來解決當下企業的困境。我們總會把客群定位為年輕人，卻又無法控制用自己年齡層的審美與溝通方式，試圖吸引目標人群，說來這也算一種內耗。

商業競爭可以被視作一場流變的戰爭。在不斷變化的市場環境中，與時俱進的能力和適應性成為品牌發展的關鍵要素。而持有過時、固化的思維將是壓垮駱駝的最後一根稻草。

1.7 探尋商業中的不變法則

那麼，在這龐大的時代浪潮中，我們又將如何前行，是一味地追逐變化嗎？當然不，我們需要的是回到商業的原點和競爭致勝的核心，重新出發。

商業的第一性是什麼？

亞馬遜創始人貝佐斯（Jeff Bezos）曾談道：「這些年我經常被問到，『未來10年會有什麼樣的變化？』我認為，什麼是不變的更為重要，因為你的策略往往是基於不變的事物。」是的，在越來越多元的新世界中，我們不可能無盡地追隨那些瞬息萬變的事情，我們需要找到那個「一直不變」的

1.7 探尋商業中的不變法則

東西,讓它指引我們前行。

說到不變,那就要談到第一性原理(first principle)。這一原理最早是由古希臘哲學家亞里斯多德提出的,他認為在任何系統中都會存在第一性原理,它是事物最基本的命題,不能被省略或丟棄。我們可以理解為,任何事物都有它最為根本的存在原因。

無獨有偶,馬斯克(Elon Musk)在他的一次訪談中也提到了類似的看法:「不要只是隨波逐流,在我看來從第一性原理的方法來思考是件好事。也就是說,你不是透過類比推理,而是把事情歸結為你能想像到的最基本的真理,然後再從那裡開始推理。」他認為很多時候,我們習慣於仿效別人的做事方法,但你會發現,這種方式並不會讓事物的迭代發生根本性的轉變。如果我們需要徹底地迭代事物,就必須打破原有框架,回歸到事物存在的第一性,並重新定義事物新的「結構」與「外貌」。

那麼商業的第一性原理應該是什麼呢?

馬克思(Karl Marx)的《資本論》(Das Kapital)中提出了商品價值的概念:「一個商品既有使用價值,又有交換價值。」使用價值是商品在被使用時獲得的收益,而交換價值是商品價值外在的獨立表現,可見商品的交換均是圍繞著價值展開的。

哈佛商學院教授麥可・波特在《競爭優勢》(Competitive Advantage: Creating and sustaining superior performance)一書中指出,競爭優勢歸根結柢產生於企業能為顧客創造的價值。田納西大學市場行銷學教授羅伯特・伍德拉夫(Robert B. Woodruff)也指出:「顧客價值[018]是下一個競爭優勢來源。」因此不難發現,「價值」的交換過程就是商業的本質。而企業存在的

---

[018] Woodruff, RB(1997). 客戶價值:競爭優勢的下一個來源。

意義，就是能夠持續為客戶輸出價值的能力。

顯然，商業的第一性原則是供求端的「價值交換」。而今，生產力與科技的提升導致供給過剩，我們可能會長期處於一個供大於求的市場環境之中。商業的中心已經從供給端向需求端傾斜，所以「以客戶為中心」的觀點正逐漸成為企業經營的核心理念，消費者的可感知價值也變得越來越重要。隨著技術的發展，可感知價值將變得更加立體。而可感知價值也隨著商業的推進，開始從單維價值向多維價值進行升級。

什麼是競爭獲勝的關鍵？

在談論商業策略時，我們總喜歡聽以弱勝強的案例，但真的是這樣嗎？

2021 年，在《財富》(Fortune) 雜誌發表的美國 500 強企業排行榜中，蘋果公司以營收 2,745 億美元，利潤高達 574 億美元位列其中，利潤占據榜首。人們嘖嘖稱讚的同時也不免會問：「為什麼強者恆強，弱者恆弱？」它背後隱藏的正是一個商業社會中的菁英思維定律——「冪律分布」。

大者大得嚇人，小者微不足道，兩者很極端，中間的平均值失去了意義，就是「冪定律分布」。正如美國科學史研究者羅伯特·莫頓 (Robert K. Merton) 總結的一樣：任何個體、群體或地區，在某一個方面 (如金錢、名譽、地位等) 獲得成功和進步，就會產生一種累積優勢，從而也會在接下來的規程中獲得更多的機會、更大的進步和成功。

無獨有偶，《新約·馬太福音》中談道：「凡是少的，就連他所有的，也要奪過來。凡是多的，還要給他，叫他多多益善。」這就是著名的馬太效應，表達的就是一種強者越強、弱者越弱的現象。

同樣，《孫子兵法》說戰鬥的關鍵是「十則圍之，五則攻之，倍則分

之，敵則能戰之，少則能逃之，不若則能避之」。意思是十倍兵力才能打，五倍兵力時要拓展自身的優勢，如果敵軍兵力眾多就需要分散他們的兵力，再思考圍剿的戰術。其實它的核心觀點是，在戰鬥中必須具備完全壓倒性的優勢才可以戰鬥。《孫子兵法》強調了戰爭中以智取勝的重要性。透過諸如充分了解敵我雙方的情況、選取有利的戰場、利用心理戰術等方式，盡可能在戰爭中形成一個以強勝弱的戰局。所以，我們看到以弱勝強的案例，多是弱小一方集中兵力，在某個小的區域內達成「以強勝弱」的結果。

因此，競爭中獲勝的大機率事件並非「以弱勝強」，而是「以強勝弱」。

我們可以得出什麼樣的啟示？

如果商業的本質是「價值交換」，而「以強勝弱」是競爭獲勝的大機率事件，那麼我們是否可以得出一個初步的推斷，商業競爭中能夠獲勝的方式，就是在價值中達成「以強勝弱」的狀態。然而，商業中「價值」的強弱關係如何實現呢？

此外，如今的商業中已經不再是只要產品好就可以成功，或者只要品牌強勢，產品好不好無所謂的時代了。「價值」似乎已經不是一個單維的問題，而是一個多維度的系統問題。就像我們之前提到的咖啡的例子，消費者不只是單純地買了一杯咖啡，他們更多地是獲得了品牌帶來的社交認同、優越的環境、服務、體驗等諸多價值的集合。

所以，與其說未來的品牌販賣的是產品，不如說販賣的是以產品為載體的價值系統。品牌的競爭將從單純的心智競爭，逐步轉向價值系統之間的競爭關係。我們可以大膽地預測：未來的世界，商業更趨向於追求單位

價值最佳的解決方案。

那麼,價值系統是由哪些維度構成呢?每個價值維度中是否也存在強弱關係(與競爭對手相比),它們又是如何影響品牌在價值角逐中的結果呢?這些都是值得我們深入思考的。

既然這是維度的問題,就讓我們一起回歸到多維的新世界中尋找答案吧。

第二章

多維視野：錯維重構競爭

　　愛因斯坦（Albert Einstein）曾說：「所有困難的問題，答案往往是在另一個層次。」我們可以理解為，事物的解決方案往往是在現有維度之外的維度之中。假設在三維世界之中，在我們面前有一道無限長無限高的圍牆，我們將如何在不借助外力的前提下，到達牆的另一面呢？答案是增加時間的變數，去到四維空間，回到這個圍牆還沒有建造之前，輕鬆地走過圍牆的位置。

　　由此看來，一維世界的答案可能會在二維世界之中，二維世界的答案或許在三維世界之中，三維世界的答案可能在四維世界之中，而 N 維世界的答案會在 N+1 維世界之中。

第二章 多維視野：錯維重構競爭

2.1 維度與錯維起源

維度

　　維度是描述物體在空間中存在形態和方向的方式，它指的是可以獨立測量的方向數。在物理學中，常見的維度有長度、寬度和高度，分別對應一維、二維和三維空間。每增加一個維度，就增加了一個可以獨立變化且互不干擾的方向。在更廣泛的概念中，維度可以擴展到抽象概念，如時間作為第四維度，或在理論物理學中提出的更高維度，用以解釋複雜的物理現象或理論。

　　從哲學的視角來看，維度是人們在觀察、思考和表述某事物時所採用的思維角度。以月亮為例，人們可以從內容、時間、空間三個思維角度來描述月亮；或者從載體、能量、資訊三個思維角度來描述月亮。這種對事物的觀察和思考方式揭示了事物在不同維度上的複雜性，有助於我們更全面地理解和探索現實世界。

　　現實中，我們可以將事物的每一個變數都稱為一個維度，那麼可以理解為我們生活在一個由 N 個維度（N 趨向於無窮大）所交織而組成的多維世界。維度可以融合，也可以被拆分。空間可以看成一個維度，也可以因為場景不同而拆分成若干個細小的維度。人可以看成一個維度，也可以加上男、女、老、少等不同的變數，演變出無數多個不同維度的人群。

　　多維的世界無疑是繽紛絢爛的，每當我們可以感知提升或增加一個維度，風景就會更加美妙。如果一維是一條線，那麼二維就是一個面，我們可以在上面畫出比一維精美的圖畫，但再美的平面圖也比不上三維立體的物體。這麼來看，四維一定是比現實美無窮多倍的地方。

蘇軾的〈題西林壁〉寫道：「橫看成嶺側成峰，遠近高低各不同。不識廬山真面目，只緣身在此山中。」當我們身處不同的維度看同一件事物時，所獲得的感受與體驗也會大不相同。為什麼看不到廬山的真面目呢？因為作者正被群山環繞，所處的高度也比山頂低很多。這裡不禁為蘇軾感嘆，此時你與我們的差距可能就是一架航拍無人機了。

然而商業亦是如此，為什麼我們總是習慣用少得可憐的維度看到自己的企業、品牌或產品呢？為什麼我們不可以用更多維度去俯瞰產業、競爭對手與我們自身呢？對了，只因我們身在「此山」中。

「錯」或許是改變的開始

「沉舟側畔千帆過，病樹前頭萬木春。」不是所有的「錯」，都會成為我們的絆腳石。有時「犯錯」還可能引領我們走上意想不到的道路。

如果問世界最受歡迎的飲料是什麼，當數可口可樂。然而，鮮少有人知道可口可樂的由來竟是從一個小小的錯誤開始的。

藥劑師約翰・彭伯頓（John Stith Pemberton）[019]，在美國亞特蘭大開了間小藥房。一天，他的小藥房裡擠滿了客人，爭著吵著要購買前一天喝的那種治頭痛的藥水。彭伯頓以為是自己親自調配的藥水發揮了療效，才引來如此多的「老顧客」，於是，他開始為大家調配，可是當他遞給客人第一杯的時候，客人嘗了一口立即說：「不對，不對，我要喝昨天那種，是深色的，不是白色的，有氣泡的那種！」

彭伯頓摸不著頭緒地回答：「可是我們的頭痛藥水就是這種啊！」

「不對，昨天不是你調的⋯⋯」

---

[019] 約翰・彭伯頓一般指約翰・斯蒂斯・彭伯頓，美國藥劑師，可口可樂配方的發明者。

第二章　多維視野：錯維重構競爭

「我是老闆也是藥劑師，不會錯的……」

客人們不歡而散。事後，彭伯頓調查後才知曉，原來前一天是因為客人催得急，店員一不小心調錯了配方，把原本的冷水沖調誤變成了蘇打水沖調，所以就有了客人口中的「顏色深、帶氣泡」的特點。未承想，客人們飲用後不但沒有責怨，而且非常喜歡，直呼爽口、過癮，也就出現了後來大量客人蜂擁而至的場景。

彭伯頓看準商機，又照著店員調錯的配方重新調了一杯加了蘇打水的飲品。親自品嘗一下，果不其然，口感清爽，直擊內心，讓人喝了就停不下來，想要快速一飲而盡。就這樣，西元 1886 年 5 月 8 日，彭伯頓賣出了用錯誤配方調製的第一瓶飲料。後因新飲料大賣，合夥人兼會計師法蘭克‧羅賓遜（Frank M. Robinson）幫忙為其取名為「Coca-Cola」（可口可樂）。

然而除了商業之外，在生物世界中，每天都會有新物種的誕生，它們的出現或許不是因為一個錯誤，卻離不開基因維度上的突變。在生物學中，基因突變就像是生物的「意外驚喜」。它能讓生物逐步演化，甚至產生全新的物種。簡單來說，基因突變就是生物體內 DNA 發生的永久性改變，可能是 DNA 中某個「維度」被替換、增加或減少了。這種變化可能是自然環境（比如陽光、化學物質等）造成的，也可能是生物本身在複製過程中出了個小差錯。這些差錯，有時則可能帶來困擾，有時它們可能會為生物帶來全新的突破。但正是這些差錯，讓生物物種的世界變得更加奇幻多彩。

在自然界中，維度的改變也會帶來能量的變化（如圖 2-1 所示）。勢能是物體由於其位置或狀態而具有的能量。通常，勢能與物體的高度、重

2.1 維度與錯維起源

力及其他外部力的作用有關。它反映了物體在外部力場中所具有的潛在能量,當物體的位置或狀態發生改變時,勢能會轉化為其他形式的能量,如動能。你會發現,當地殼劇烈運動時,常常會將原本平行的地面,分割成兩塊高低錯落的新平面。由於兩個平面存在勢能差別,自然會使水流從高(勢能)的平面流向低(勢能)的平面。當兩個平面的勢能差別足夠大的時候,甚至會形成氣勢磅礴的瀑布,巨大重力勢能頃刻間轉化為動能,使得水流不斷加速。

圖 2-1 自然界的勢能 [020]

無獨有偶,在空間的維度中,時空扭曲同樣也會產生極大動能。長久以來,光速一直是人類無法企及的速度。超光速的星際旅行也僅僅是電影裡的橋段,那麼現實中我們能實現超光速嗎?曲速驅動學家阿庫別瑞(Miguel Alcubierre)在 1994 年第一次在現實中提出了曲速飛船的概念。曲速飛船是一種能夠扭曲時空的航太器(如圖 2-2 所示),使其在本地時空內產生一個類似於泡泡的結構。這個泡泡能夠幫助航太器在很短的時間裡跨

---

[020] AI 生成圖。

第二章 多維視野：錯維重構競爭

越極大的距離。其原理是在航太器前方壓縮時空，而在航太器後方擴張時空，從而達到光速移動的目的。

圖 2-2　曲速飛船[021]

當時空發生扭曲時，實際上也可以看作儲量的過程，特別是潛在的引力勢能。當物體在彎曲的時空中移動時，這些儲存的潛在引力勢能可以轉化為物體的動能。這就是物體受引力作用時加速的原因。

由此可見，不管在哪個領域，維度的變化與交錯，都會對原有事物造成極大的變化，甚至由於勢能的變化，而產生龐大動能。那麼在商業之中，我們是否能借助這種維度的變化，創新出新的事物，或運用維度的變化，建構強勢的競爭關係呢？這是一個值得思考的問題。

---

[021]　AI 生成圖。

2.2 維度變化與商業競爭的關係

想要了解在同一事物中，什麼可以帶來勢能的強弱關係，就要從一場經典的賽馬故事講起（如圖 2-3 所示）。

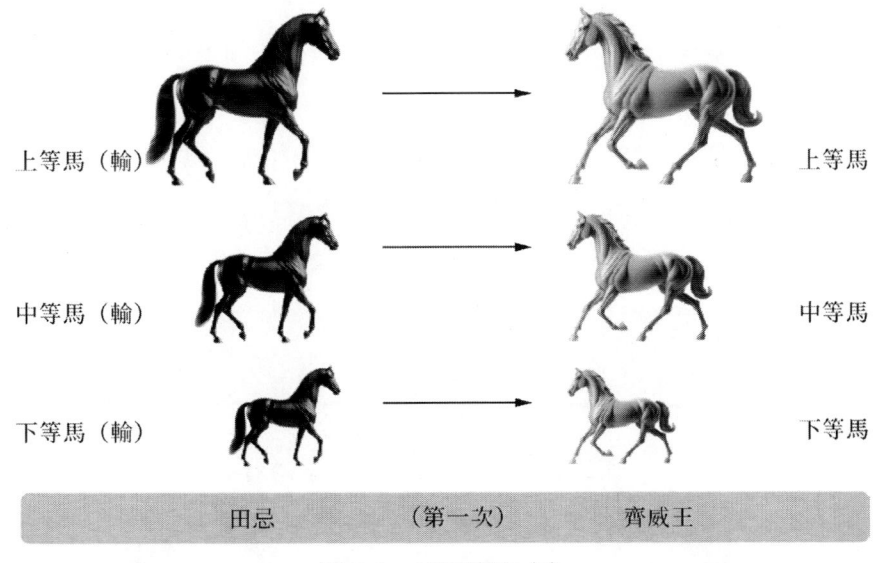

上等馬（輸） → 上等馬

中等馬（輸） → 中等馬

下等馬（輸） → 下等馬

田忌　　　（第一次）　　　齊威王

圖 2-3　田忌賽馬（1）

在齊國有一位名叫田忌的大將，他和齊威王經常會舉行激烈的賽馬比賽。他們會將賽馬按照能力強弱，分為上、中、下三組，進行較量，獲得兩輪以上的勝利者成為最後的贏家。每次比賽兩人都會豪賭一番，可是，田忌總是不幸輸給了齊威王。

那天，田忌又在一場賽馬中落敗。歸途中，心情沉重的田忌將失敗的苦悶向他的軍師孫臏傾訴。孫臏說：「將軍，其實您的馬與大王的馬相差無幾。問題在於您每次總是用同樣的策略，不斷按照馬的等級與大王比賽。這樣，您永遠無法戰勝他。」田忌疑惑地問道：「那我該怎麼辦呢？」

第二章　多維視野：錯維重構競爭

孫臏回答：「下次比賽，您只需按照我的建議來安排馬匹，您一定會獲勝。到時候您可以加大賭注。」

聽了孫臏的建議，田忌信心滿滿地與齊威王約定再次賽馬。齊威王瞧不起地說：「田將軍又想送我銀子了，再比，將軍也是輸。」終於，激動人心的賽馬日來臨。雙方的騎士和馬匹齊聚賽場。齊威王與田忌在看臺上興致勃勃地觀賞比賽。聰明的孫臏也坐在田忌身邊，看著自己的計謀逐步展開。

第一輪，田忌按照孫臏的建議派出了自己的下等馬與齊威王的上等馬競技，結果如預料之中，輸了。得意洋洋的齊威王不禁大笑起來。第二輪，田忌派出自己的上等馬對陣齊威王的中等馬。果不其然，田忌贏了。最後一輪，田忌的中等馬擊敗了齊威王的下等馬。經過三輪角逐，田忌終於獲得了兩輪的勝利，贏得了比賽（如圖 2-4 所示）。

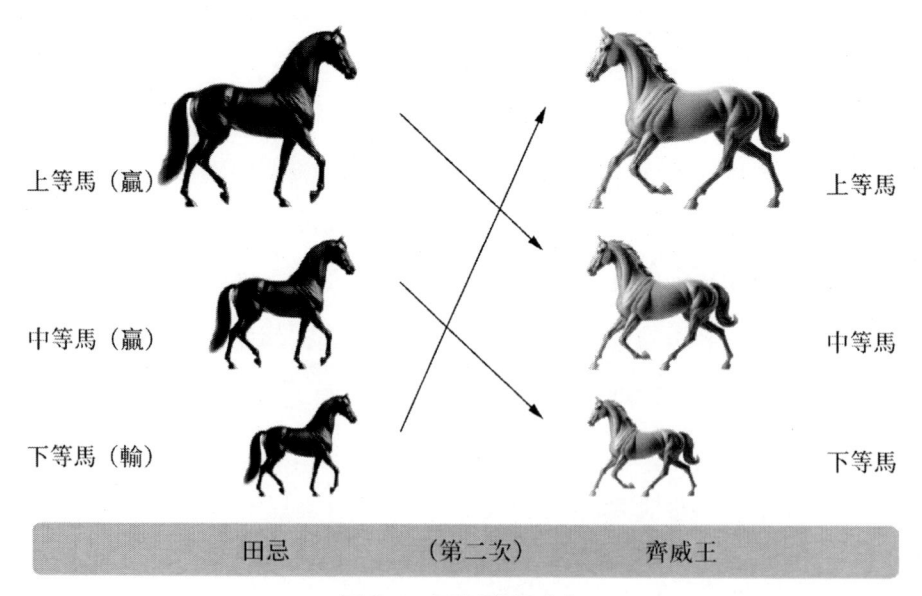

田忌	（第二次）	齊威王
上等馬（贏）		上等馬
中等馬（贏）		中等馬
下等馬（輸）		下等馬

圖 2-4　田忌賽馬（2）

2.2 維度變化與商業競爭的關係

由於田忌提前下了鉅額賭注，他不僅把之前輸掉的銀子全部贏回來，還賺取了一些盈餘。這場勝利讓田忌體會到了用策略戰勝對手的喜悅，更讓他對孫臏的智慧肅然起敬。

不難發現，早期田忌與齊威王的賽馬機制是同維競爭，我們總是希望透過同級別馬的正面對抗獲勝，而忽略了比賽的核心是馬的主人，設定賽馬的出場順序格外重要。田忌獲勝的關鍵，並非提升了賽馬的實力，而是清楚地了解到等級不同賽馬之間的強弱關係（級差），以強勝弱，勝負當然是不言而喻的。不同等級的賽馬就好比同一事物的不同能力階梯，不同等級賽馬（維度）的差異帶來了勢能的強弱。如果將原本同維的遊戲規則打破，重新以「錯維」的方式迎戰，最終導致了比賽結果的反轉。

馬匹之間由於級別不同，天然就具備了強弱的差異，我們可以將事物存在的級別差異而形成的勢能差簡稱為級差。在不同事物中，級差的概念在人們的心中是普遍存在的，就如同階梯一樣。例如學歷會有幼兒園、小學、國中、高中、大學專科、大學本科等；汽車分為 A00 級、A0 級、A 級、B 級、C 級、D 級；女子自由式角力的等級可以劃分為：50 公斤以下級、53 公斤級、57 公斤級、62 公斤級、68 公斤級等。深刻了解事物的級差，對於未來的商業競爭也會帶來深遠的意義。

2023 年 3 月，被人們津津樂道的熱門話題應該少不了雪鐵龍 C6 的降價事件。眾所周知，C6 屬於雪鐵龍的 B 級旗艦車型，官方價為 108 萬～140 萬元，雖然車身尺寸比同級別的 B 級車要略大些，但遠遠彌補不了在品牌影響力與銷量維度方面較其他品牌的劣勢。然而降價 45 萬元後的雪鐵龍 C6，處於 60 萬元價格區間，競爭對手一下從 B 級車換成了 A 級車，競爭優勢瞬間被突顯出來。網友紛紛表示，「100 萬元的 C6 滿是缺點，但是 60 萬元的 C6 渾身都是優點」！並在各大影片中上紛紛為雪鐵龍搖旗吶喊。

在這裡，我們並不想去評論降價事件對於產業或品牌的影響。只是希望藉此讓大家感受，由於價格改變之後，讓 C6 擺脫了原有拉鋸的同維競爭，切換到更弱級別的競爭對手時，消費者發生的極大變化。

代差產生壓倒性的勢能差

除了級差之外，還有什麼相同維度的差別可以帶來強弱勢能的關係呢？是代差，指由於事物透過升級換代而帶來的勢能差。例如在軍事中被廣泛提及的「第四代戰鬥機與第五代戰鬥機」，代與代之間的差別均是革命性的。在各項示範中顯示，第五代戰鬥機對於第四代戰鬥機那是完勝的狀態。

那麼第五代戰鬥機為何能輕鬆擊潰第四代戰鬥機呢？第五代戰鬥機的優勢主要表現在超隱身性、超態勢感知、超機動性等。具備了這些屬性，讓第四代戰鬥機在面對第五代戰鬥機時只能是看不見、打不著、跑不掉。第五代戰鬥機在雷達中的截面積只有 0.1 平方公尺，相當於一隻麻雀的大小，在第四代戰鬥機的雷達中根本無法檢測到，而第四代戰鬥機的雷達截面至少有 15 平方公尺。

第五代戰鬥機擁有超態勢的感知能力，在面對 100 公里之外的第四代戰鬥機，就可以輕鬆鎖定目標並發射空空飛彈，也就是說第四代戰鬥機可能會在毫無察覺的情況下被第五代戰鬥機擊落。此外，第五代戰鬥機在速度方面也是指數級地成長，第四代戰鬥機僅能在 1.5 馬赫的速度下巡航幾分鐘，而第五代戰鬥機則能飛行長達 30 分鐘以上。當然這樣的差距還有很多，希望大家可以透過這個事物，體會代差所帶來的完全壓制的態勢。

不僅軍事上如此，同類商品之中同樣也存在代差關係。2007 年 1 月 9

2.2 維度變化與商業競爭的關係

日,賈伯斯[022]在舊金山帶著初代 iPhone 手機走上演講臺,傳統手機的時代就此終結。人們很難想像這個只有一個按鍵的 3.5 英寸觸控式螢幕手機會對我們的生活帶來多大的變化。這樣一款與那個時代格格不入的手機,雖然並不算完美,卻整整領先整個產業的競爭對手 5 年時間。從那一刻起,人們開始把行動網路隨時裝在口袋之中。

在這一小節中,希望大家對於極差和代差的概念有一個深刻的理解,在後續章節中,這些概念也會被廣泛地應用在本書的內容中。需要進一步說明的是,事物的極差與代差,需要存在真實的勢能差異,或早已存在消費者心智之中的事物,絕非企業對自己不客觀的評價。

多維與單維,也存在龐大的勢能差 —— 維差

除了同維度上存在勢能差之外,多維與單維之間也存在明顯的勢能差。在劉慈欣[023]所著的《三體》一書中,人類雄偉壯闊的太空艦隊面對三體人派來的小水滴,幾乎不堪一擊,根本不是敵方的對手,最終在戰爭中被摧毀殆盡。而另一艘星艦「藍色空間」號在逃亡時發現了宇宙裡的四維碎片,進入四維空間後,不費吹灰之力就擊敗了小水滴。

「降維打擊」也是書中的神來之筆。在宇宙的文明世界中,降低維度不失為打敗敵人的一種有力武器。多維文明能夠輕而易舉地毀滅太陽系,太陽系被二向箔從三維立體紙盒打回到一張平面紙,降維打擊的方式直接導致了太陽系的覆滅。或許這種場景很難實現,但這讓我們看到了多維生

---

[022] 史蒂夫‧賈伯斯(Steve Jobs,1955 年 2 月 24 日— 2011 年 10 月 5 日),美國發明家、企業家,蘋果公司聯合創始人,曾任蘋果公司執行長。

[023] 劉慈欣,高級工程師,科幻作家。2015 年 8 月 23 日,憑藉《三體》獲第 73 屆世界科幻大會頒發的雨果獎最佳長篇小說獎,為亞洲首次獲獎。

第二章　多維視野：錯維重構競爭

物和單維（或少維）生物的強弱之別。

我們可以將這種多維對單維（或少維）的壓倒性優勢，稱為維度勢能差（簡稱維差）。單維（或少維）生物對於多維生物的能量存在很大的限制，就如同螞蟻與人類之間的區別。螞蟻好比生活在一個二維的世界裡，牠們只能感知到水平和垂直方向的變化。當螞蟻遇到一個障礙物時，牠們只能沿著表面一直爬行，無法直接穿越或躍過。因此，螞蟻很難理解人類生活在一個三維世界裡，能夠在水平、垂直以及縱深方向自由移動的概念。

與此相反，人類作為多維生物，可以很容易地理解和掌控低維生物所面臨的情境。比如，當我們看到一個平面的迷宮時，能夠一眼就找到通往出口的路徑。然而，對於生活在二維世界的螞蟻來說，牠們只能透過摸索和嘗試去尋找出口，很難像人類一樣迅速地找到正確的路線。這就是高維生物相對於低維生物的絕對優勢所在。

那麼，我們是否能將維度改變帶來的勢能的差別運用在商業上或者人生中呢？

2.3　錯維與錯維競爭的定義

顯然，維度的交錯正在不同程度地影響著各個領域的發展。因此，當品牌受困於產業同維競爭的時候，我們需要從有限的維度之中抽離出來，用現有維度之外的更高或更多維度去解決當前維度的問題。我們可以將這種方式稱為「錯維」。

這裡，我們需要明確錯維和錯維競爭的定義：錯維，一切非同維皆是

錯維。同維是指特定環境中擁有相同的變數，且每個變數的強弱均相近或相同的事物。就如同進入一個美食廣場，我們很容易發現所有的店家的維度（拋開販賣的商品不同）幾乎都是相同的，相同的櫃位大小，相同的人員配置，相近的價格區間等。而錯維就是要跳出原有同維競爭的態勢，重構新的競爭格局。而錯維競爭正是錯維世界中的一種獨特的競爭方式。

那麼什麼是錯維競爭呢？即在特定環境中，與對手錯開維度較量，從而形成不對稱競爭態勢的策略系統。

在特定環境中，因為事物的強弱是一個相對的概念，是由兩個（或多個）事物對比而產生的結果，它不僅需要有參考系，還需要考慮所處環境。比如，在主要都會區盡人皆知的品牌，放在鄉鎮地區其知名度可能比不過一些本土品牌。再如，你準備買車時，會考慮商務用途或家庭用途。用途不同就會導致各個維度重要程度發生變化。商務用途會著重考慮品牌，而家庭用途，經濟型與乘坐舒適度則會變得更加重要。

此外，外部環境一直在變動之中，因此在衡量與競爭對手的強弱關係時，一定需要在特定環境中思考，絕不能以偏概全。

不對稱競爭態勢

維度的變化將帶來強大的勢能差距，這些差距最終導致了壓倒性的絕對優勢，即不對稱競爭態勢的形成。我們可以將這種由錯維而形成的不對稱競爭態勢稱為錯維態勢。仔細研究後，我們會發現錯維不僅僅帶來事物之間強弱關係的改變，就連事物的形態也會發生天翻地覆的變化。

我們可以將錯維態勢拆分來看，即錯維「態」與錯維「勢」。

錯維「態」是事物錯維後外部形態的全新蛻變，是一種全新的創意方

式,我們可以將其定義為錯維創意。

錯維「勢」則是事物與對手的維度差異所產生的壓倒性的勢能,我們可以將其定義為錯維勢能。因此,錯維競爭的兩大核心組成要素也變得清楚可見。

錯維競爭＝錯維創意 × 錯維勢能

1. 錯維創意

錯維創意指的是在維度發生改變後,事物的形態會發生千奇百怪的變化。在商業競爭中,我們需要有效地運用這一種獨特的創意方式,幫助我們的品牌更多地、更有效地、更低成本地獲得消費者。我們會在第 4 章更加詳細解讀錯維創意的奇妙之處,以及為什麼簡單的改變就可以讓消費者趨之若鶩！

2. 錯維勢能

錯維勢能則是透過與競爭對手建構維度差異,從而形成新的強弱關係。在商業競爭中,企業透過在某個或多個維度上尋找比自己弱的競爭者,或針對處於同維度的競爭者,透過維度最佳化而建構絕對競爭優勢的過程。這些最佳化可以運用高維（或多維）的勢能差,在單一維度（或多個維度）對競爭者構成絕對優勢。我們將在第 5 章中對於錯維勢能進行詳細的拆解。

由於各種資料中對於高維的解釋均有所不同,因此本書中我們需要給高維（多維）賦予明確的定義。高維特指同一事物（維度）中的更高級別,就是本章中提到的級差或代差的概念。多維特指融入更多的變數,就是本

章中提到的維度差。如商業中的變數從單一的產品維度，增加到價格、品牌等變數的競爭，可以理解為三維生物比一維的更具勢能優勢。

2.4 錯維競爭在商業中的意義

跳出同維的消耗戰

錯維競爭的目的是透過維度的高低（或多少）形成勢能的差別，把同維的消耗戰變成一種閃電戰的方式。因為消耗戰對企業是一種溫水煮青蛙的狀態，很容易在沒有擊潰敵人之前就彈盡糧絕；或在消耗戰的過程中，將原本的優勢逐步消耗殆盡。

《三國演義》的故事中，我們會發現蜀國從來不缺人才，謀有料事如神的諸葛孔明，武有「一夫當關，萬夫莫開」的五虎猛將，但為什麼最終卻以失敗而告終呢？輸的核心是忽略了對於兵力強弱的思考，而把人才個人的超凡能力放在了核心位置，這是一個非常危險的思考方式。《孫子兵法》中所提到的「求之於勢，不責於人」也是相同的邏輯。

蜀國本來就兵力有限，但在〈隆中對〉後，又將所有的兵力分散，這也是蜀國開始失敗的起點。在錯維競爭的理論中，我們並不推薦直接肉搏的消耗戰。最佳的戰爭態勢，應該是在有限環境中具備壓倒性優勢的閃擊戰。

在未來的商業競爭中，並不是隱藏得夠深就可以規避競爭，因為資料傳輸和物流方式的變革，讓局部戰場也慢慢浮出水面。所以，即使你所在的區域足夠隱蔽，並且已經成為這個區域的王者，你依然需要籌謀，在強大的競爭對手來臨之時將如何與之對戰。

第二章　多維視野：錯維重構競爭

打破同維競爭的互相消耗，創造更廣闊的市場空間

隨著市場競爭的加劇，同維競爭已經開始飽和，很多企業在競爭中陷入僵局。在這種情況下，單純依靠品類差異化策略已難以建構品牌優勢。企業間爭相採取相似的競爭策略，這無形中限制了產業的發展空間，無論是功能戰或價格戰，都可能導致市場進入一種加速內耗的狀態。

錯維競爭透過從更多的維度出發，尋找獨特的競爭空間，推動企業突破同維競爭的限制。例如，一個企業不再只關注產品與價格的競爭，而是透過提供獨特的體驗或者增強品牌價值來尋求競爭優勢。這樣，即使在同一市場環境下，也能找到不同的競爭路徑。

由於不再受限於傳統產業的「標準」，錯維競爭鼓勵企業從不同的角度審視市場，促使企業更多地嘗試新的維度，或跨越產業的限制轉戰到其他市場或產業。這種多維度的思考模式能夠激發企業的創新潛能，推動產業的多樣化發展。

讓競爭回歸以強勝弱的大機率事件

創業就像是過獨木橋，結果都是九死一生。哈佛商學院有個調查，結果讓人跌破眼鏡，創業公司的失敗率簡直高得不可思議。他們研究了2004～2010年獲得風投超過100萬美元的2,000家企業，結果竟然有75％的公司沒能成功！這可不是一般的公司，它們都是創新型企業的翹楚，擁有一流的團隊，經過了資本市場的嚴苛篩選。可想而知，最終的結果並不盡如人意。

在創業初期，大部分的創業者大多無法看清自己所處的產業，甚至無

法用正確的視角看到與競爭對手之間的強弱關係。「悶開」成了大多數創業者的必備技能，反正不管案子怎麼樣，先做了再說，但最終的結果可想而知。然而，我們發現任何品牌的成功都是有跡可循的，我們正試圖讓大家能夠清楚地理解商業競爭中的「潛規則」。

而錯維競爭的初衷就是希望能夠幫助更多創業者，看清在商業成長中的軌跡，以便指導其在創業的過程中應該如何行動。讓商業的經營能夠回歸理性，並且讓更多人能夠意識到，回歸大機率事件（以強勝弱）的重要意義。

2.5 錯位競爭與錯維競爭的區別

在西方傳統策略管理與競爭學派中，錯位競爭都是不能被繞開的話題。與眾不同在很長一段時間裡變成了企業與品牌的必備品。所有企業的第一視角也被引導到與產業龍頭的差異化或創造新品類的方向，然而大部分人都「死」在了黎明到來前的「黑夜」裡。那麼為什麼錯位並沒有幫助品牌很好地找到適合的位置呢？因此，我們需要更加清楚地了解錯位競爭，以及它與錯維競爭的區別。

要想深入探尋錯位與錯維競爭的差異，我們需要從錯位競爭的定義開始。錯位競爭的定義是企業避開競爭對手的市場優勢，以己之長擊彼之短而確立相對優勢競爭地位的一種競爭策略。下面我們將從四個方面對比錯位競爭與錯維競爭的差異（如圖 2-5 所示）。

第二章　多維視野：錯維重構競爭

類別	錯位競爭	錯維競爭
優勢來源	同類中的差異化	維度差異的強弱關係
優勢強弱	相對優勢	絕對優勢
競爭對手	對標強勢競爭對手	找到弱勢競爭對手
競爭空間	平面	立體
策略/戰略	策略	戰略

圖 2-5　錯位競爭與錯維競爭的差異

錯位競爭與錯維競爭的差異

1. 競爭優勢來源

■ 錯位競爭

　　錯位競爭的競爭優勢在於避開競爭對手的市場優勢，以己之長擊彼之短。

　　在錯位競爭中，我們往往對標的是比自己更強勢的領導品牌，然而這無形中將自己拉入與強大競爭對手同維競爭的陷阱中。我們很有可能在多個維度中均處於劣勢的狀態，成功機會非常渺茫。

　　常會有人用拳擊比賽來詮釋這樣的概念，好比我們要跟國際拳王打一場拳擊比賽，那我們很難獲得勝利，但如果我們把比賽的性質換成 PK 我們擅長的象棋，那我們就可以輕鬆獲勝了。

　　這樣的說法初聽起來，會讓人熱血沸騰，但仔細思考會發現諸多漏洞。

2.5 錯位競爭與錯維競爭的區別

首先我們比賽的前提是一場拳擊比賽，所有觀眾的焦點是拳擊比賽的輸贏結果。而我們卻把這樣的一個概念替換成要用另外的比賽與對方 PK。從我們個人角度而言，這樣的轉變猶如看了一部爽劇暢快淋漓。但是深入思考，對於觀眾來說，他們並不認可這樣的遊戲規則，因為他們要看的是一場拳擊比賽。

所以競爭發生的場景很重要，如果你安排了一場象棋比賽，邀請拳擊冠軍來體驗，或是在拳擊賽場上，與一個象棋高手打拳擊。可能會有更大的勝率，但前提是確定好比賽的性質，並選擇比自己弱的對手。而拳擊與象棋本身屬於兩個維度，並非在同一平面上的錯位就能解決問題，這僅僅是偷換了概念而已。

■ 錯維競爭

錯維競爭的競爭優勢來源於維度差異而帶來的強弱關係。

錯維競爭的優勢在於利用維度差異來突顯企業在特定領域的優勢。這種策略要求企業在競爭中關注多個維度，而非僅在一個維度與競爭對手對抗。維度差異導致不同競爭者在不同維度上的強弱有別，企業透過發掘或提升自己的優勢維度，並在這些維度上擊敗弱勢競爭者，從而提高自身在市場中的競爭地位。

以一家餐廳為例，假設其競爭對手的餐廳在品牌、價格和產品方面都有一定優勢，即構成了一個典型的三維商業模型。如果我們的餐廳想要在這個競爭激烈的市場中脫穎而出，可以在品牌、價格、產品與對手持平的基礎上，增加服務這一新的維度。透過對服務維度的創新，我們的餐廳從一個三維價值系統升級為四維價值系統，從而在競爭中脫穎而出。

2. 競爭優勢的強弱

■ 錯位競爭

錯位競爭主要是建立在相對優勢的基礎上進行的競爭。相對優勢是指一個品牌在某一方面相對於競爭對手的微弱優勢，而這種優勢往往難以引起消費者的明顯感知。當兩個品牌的差距非常小，消費者很可能覺得它們之間沒有什麼顯著差異。

在這種微弱優勢的情況下，品牌間的競爭很容易陷入同維度的消耗戰，導致資源的浪費。同時，這種優勢很可能會被強大的競爭對手在其他維度上輕易擊敗。因此，在錯位競爭中，我們需要將優勢擴大到一定程度，才能讓消費者真正感知到差異，從而在市場競爭中脫穎而出。

■ 錯維競爭

與錯位競爭相反，錯維競爭關注的是維度的差異而帶來的壓倒性的絕對優勢。透過開拓新的競爭維度，品牌可以避免陷入同維度的消耗戰，並在多個方面建立獨特優勢。錯維競爭需要完全脫離同維的差異競爭狀態。摒棄溫和的相對優勢，運用維度間的勢能差別（級差、代差、維差等）在更多維度和更高維度建構優勢，最終達成以強勝弱的目的。

3. 競爭對手的選擇

■ 錯位競爭

在錯位競爭中，品牌會對標產業的領導者，透過分析領導品牌的優點和不足，力求在某些方面形成與領導品牌的差異化。這樣的策略可以幫助企業在競爭的市場中脫穎而出，吸引特定的消費者族群。然而這種方式，往往由於領導品牌的勢能太過強大，差異化優勢並不明顯。

2.5 錯位競爭與錯維競爭的區別

■ 錯維競爭

錯維競爭則要求品牌從多個維度去觀察市場，深入分析各種競爭對手的優勢和劣勢，找到那些在某些方面弱於自己的競爭對手。或透過與同維競爭對手的錯維，達成以強勝弱的結果。運用這種方式，企業需要以一種更加全面的視角來看待市場，並更加靈活地調整自己的策略方向。

4. 競爭空間

■ 錯位競爭

錯位競爭更多的是平面性的思維。把所有的可能性壓縮在一個平面上的位置差異，希望透過同平面中的位移獲得競爭優勢是件艱難的事情（如圖 2-6 所示）。然而一個產業不只是有差異化這一面，它更像是由無數個平面疊加形成的立體世界。

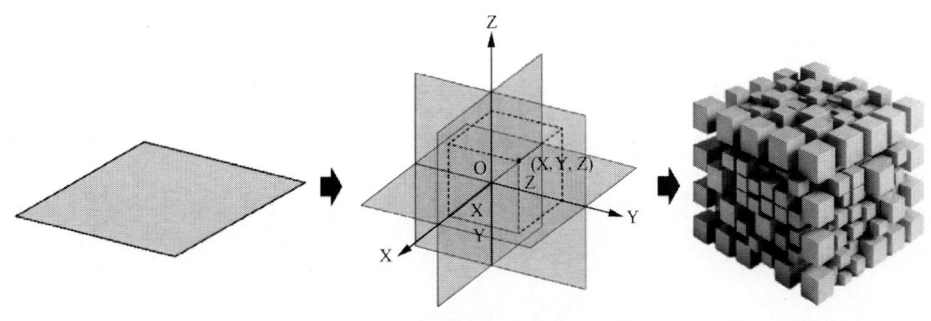

圖 2-6 同一個平面上的位置差異

同一物種的演化也是一個立體和多維的過程，我們很難想像只存在一個水層，只有一種魚的海洋是什麼樣子。現實中，不同的水層孕育著不同形態的生物，即使是在人類已知的海洋最深處馬里亞納海溝，也發現了生物的存在。如果我們的思考只限於一個平面，那我們就會掉入渴望以弱勝

第二章　多維視野：錯維重構競爭

強的思考陷阱之中，或是進入一種長期消耗戰中，這應該不是大家希望看到的結果。

■ 錯維競爭

錯維競爭則是跳出現在品類（維度）看到競爭。

除了橫向的品類差異之外，錯維競爭融入了縱向的強弱關係，以及跨維度之間的形態變化等。錯維競爭突破了平面（同維競爭）的限制，能夠從360°全方位視角審視全域的競爭對手。錯維競爭的競爭範圍更廣泛，不再局限於產業、品類。此外錯維競爭以多維度的立體視角來尋找競爭優勢，突破同類邊界和同維競爭對手的局限，從更多和更高維度進行競爭。

總之，錯維競爭可以被理解為一種競爭策略，它更多地關注於尋求與競爭對手相比具有明顯優勢的全新競爭維度。透過在不同的維度上進行競爭，企業可以突破同類競爭對手的局限，實現市場上的領先地位。這種策略往往需要企業在多個方面進行創新和突破，以形成競爭優勢。

而錯位競爭則可以被理解為一種競爭策略，它更注重在現有市場和競爭環境中，找到並確立自身相對優勢的競爭地位。這通常透過調整品類中的差異化定位來實現。在錯位競爭中，企業在同一維度或領域內尋找並突顯差異化特點。

錯位競爭更像是錯維競爭在二維平面上的投影。透過將錯維競爭與錯位競爭結合起來，品牌能夠在更廣泛的市場環境中實現競爭優勢。在錯維競爭的框架下，企業可以跳出傳統維度的限制，發掘新的競爭空間；而錯位競爭則可以在現有的競爭環境中，幫助企業找到獨特的、差異化的位置。這兩種方法相輔相成，能夠共同幫助企業在競爭激烈的市場環境中獲得競爭優勢。

2.5 錯位競爭與錯維競爭的區別

其實，在創業的路上你會發現，很多創業者的失敗往往是渴望以小博大的結果。很多時候，我們太過於希望以弱勝強，希望用牙籤撬動地球，希望一勞永逸，卻忽略了真正的大勝其實是無數小勝累計的結果。由點到線、由線及面一個也不能少。商業的戰爭不是賭博，不去縝密地思考就下重注，並坐等結果，往往都以失敗而告終。說白了，以弱勝強的故事是強者為弱者烹調的一碗毒雞湯，你可以喝，但請不要沉浸其中。

第二章　多維視野：錯維重構競爭

第三章

錯維路徑：重構維度邊界

　　世界上只有一種界限，那就是思考的界限。維度的奧祕在於你能否跳脫原有維度的枷鎖。只有那些能夠超越傳統思考框架的人，才能在複雜多變的世界中找到新的生存之道，探索出未被發現的價值。

第三章　錯維路徑：重構維度邊界

3.1 超維

超維定義：突破原有維度的極限，從而形成新維度的過程。

超維並非簡單地在同一個領域內追求更高的程度，而是對現有維度進行拓展和重塑，進入或創造一個新的維度，來實現跨越式的提升和變革。你可以將超維理解為一個事物經過跨時代升級之後，所產生的全新事物。而新事物與舊事物之間存在明顯的「代差」關係。

從古至今，世界的進步一直是由無數的超維突破共同鑄就而成的。不僅是商業，「超維」在所有的維度都在不停地上演，科技、社會、文化等多個方面的創新與突破，更代表了人類跳出原有認知邊界、拓展新的發展空間的一種精神。進入 21 世紀後，一系列的超維事件如科技革命、社會變革和全球化發展等，進一步突顯了超維在推動世界進步中的決定性角色。

在流行音樂領域，流行音樂之王麥可‧傑克森（Michael Jackson）[024] 的出現，無疑是對傳統音樂的一次革命。透過將多種風格如搖滾、爵士、放克等多元音樂元素的全新融合，傑克森創造了自己獨特的曲風，為流行音樂帶來了新的可能性。其代表性的「月球漫步」，打破了傳統舞蹈的表達邊界，讓音樂和舞蹈成為一種無法分割的表達。傑克森的 MV 也同樣充滿了前所未有的視覺創意，這些元素共同建構了一個超越了傳統音樂、舞蹈和視覺藝術界限的全新藝術形態。他的音樂創作不僅改變了人們對於流行音樂的認知，也深刻地影響了後來的整個流行文化，可謂是對傳統音樂的一次跨時代的「超維」。

---

[024] 麥可‧約瑟夫‧傑克森（1958 年 8 月 29 日－ 2009 年 6 月 25 日），美國音樂家、演唱家、舞蹈家、導演、演員、和平主義者、慈善機構創辦人，非洲象牙海岸部落桑維國「薩尼王」。

在建築設計領域，札哈·哈蒂[025]透過顛覆性的設計哲學在建築領域同樣實現了「超維」。她打破了傳統的設計範疇，用曲線和動態的形態替代了常見的直線和直角，實現了建築和環境之間無縫的、和諧的融合。看哈蒂的作品，你會有一種時空穿越的錯覺，似乎瞬間邁入了未來世界的大門。這種顛覆傳統，融合動態美學和空間實用性的設計理念，不只是形式上的創新，更是在建築藝術的表達和實用功能之間找到了全新的平衡和展現，將建築本身提升為富有表達力的藝術品。

在科技領域，我們也可以明顯地觀察到超維的身影。人工智慧（AI）的崛起就是一個典型的例子。AI 技術不僅在資料處理、機器學習的維度上實現了超越，還在進一步塑造一個新的與機器交流、合作的維度。它超越了傳統的人機互動界限，透過自我學習、自主決策為我們帶來了一個嶄新的科技體驗空間。這也預示著我們從碳基文明到矽基文明提升的可能性。

在航太領域，SpaceX[026]完成了在多個維度中的超維與跨越。在技術創新維度中，SpaceX 打破了火箭一次性使用的傳統模式，透過開發可回收和重複使用的火箭技術，從根本上改變了火箭發射的經濟學（如圖 3-1 所示）。這不僅在技術上實現了躍升，也將人類送入太空的成本大幅降低，進而使更多的太空探索和商業活動成為可能。在不翻修的情況下「獵鷹 9」火箭可以反覆回收再使用 10 次，單次火箭發射成本控制在 6,200 萬美元左右，遠低於 NASA 太空梭的每次 15 億美元。

---

[025] 札哈·哈蒂（Zaha Hadid，1950 年 10 月 31 日－2016 年 3 月 31 日），世界著名建築師建築界「諾貝爾獎」普立茲克獎首位女性獲獎者，英國皇家建築師協會金獎首位女性獲獎者。

[026] 太空探索技術公司，即美國太空探索技術公司（SpaceX），是一家由 PayPal 早期投資人馬斯克 2002 年 6 月建立的美國太空運輸公司。

第三章 錯維路徑：重構維度邊界

圖 3-1　SpaceX[027]

FICO，重新定義超市

當然，在商業之中，各個領域的超維也在不斷上演。近年來，農業旅遊悄然崛起，各行各業都在爭相搶占這塊蛋糕。在這個大潮之中，由義大利高階美食市集 Eataly 締造的美食主題公園（FICO Eataly World）就以超維的形式，重新定義了農場的概念。它將餐飲、購物與農場巧妙地融合在一起，為遊客帶來購菜、種菜、旅遊度假、農業知識和親子農作等豐富多彩的特色服務。成為世界上最大的美食主題公園，被譽為農業界的「迪士尼」。

想像一下，這個年度客流高達 600 萬人次的世界最大美食公園（如圖

---

[027]　SpaceX 官網圖片。

3.1 超維

3-2 所示），自營店投資就高達 10 億美元！占地超 10 萬平方公尺，僅展示區域面積就有 1 萬平方公尺。它擺脫了傳統超市購物和餐飲體驗的束縛，呈現出一個立體的、以「吃」為核心的綜合性體驗區域。其中包括種植養殖區、購物區、農產品加工區、培訓教育區、餐飲區和活動區，區域類型豐富多樣。

圖 3-2　FICO（1）[028]

FICO 的博物館式超市和娛樂中心大得讓人嘆為觀止（如圖 3-3 所示）。從 L 形大廳的入口走到出口，最少得花 15 分鐘。單通道的主路以消費為主，支路則與農場活動區域相連，讓遊客可以隨心調整遊覽路線。在這裡，你會發現 FICO 的空間設計有兩大特點：

1. 它突破了功能與空間的界限，全場貫通無阻。即使超市區的貨架也都低矮，不擋視線，消費者可以在不同的餐廳和食品區穿梭自如。

2. 整個空間如同一個場景化的劇場，各種場景道具、服務流程都圍繞

[028]　FICO 官網：www.fico.it/en

第三章 錯維路徑：重構維度邊界

著劇場主題展開，形成一系列與主題相關的遊樂裝置，讓整個遊覽過程趣味盎然。

圖 3-3　FICO（2）[029]

在 FICO 內，有 500 輛購物三輪車供遊客使用，24 公尺寬的中央過道上還有一條寬敞的腳踏車道，供遊客騎行遊覽。在這裡，遊客可以親身體驗從農舍到餐桌的全過程。跟隨農學大師，遊客可以參與 2,000 多種貨物的種植與採摘，觀看廚師邊烹飪邊講解，甚至還能在食品加工廠親眼見證牛奶如何變成起司、葡萄如何釀成美酒。FICO 打破了生產與消費的界限，建構了一個別具一格的美食場景化綜合體。

想像一下，漫步在這個美食天堂，盡情享受市集逛街的樂趣，找尋你心中的美味佳餚。在 FICO，你可以自由穿梭在各種餐廳和食品區，品味各地美食。同時，你還能親身參與農場體驗，融入自然的懷抱，感受生活之美。FICO 故意淡化了方向指引性的標牌，鼓勵顧客自己去探索。在各個廣場節點，還設置了體育娛樂設施供遊客休憩（如圖 3-4 所示）。

[029]　FICO 官網：www.fico.it/en

義大利美食主題公園（FICO Eataly World）無疑是一個讓人驚豔的農業旅遊勝地。它巧妙地融合了餐飲、購物與農場，為遊客提供了種種特色服務，讓遊客能夠享受到真正的農業體驗。在這個世界最大的美食公園裡，你可以盡情探索、品味、體驗，留下一段難忘的農業旅遊之旅。FICO已經完全超越超市或餐廳的概念，成為一個讓人流連忘返的全新世界。

圖 3-4　FICO（3）[030]

由此可見，超維顛覆性的提升很容易受到市場的感知，並迅速受到矚目。所以想要在所處的產業獲得極速的成長，超維一定是最快能夠打破生態平衡的方式。然而，希望在某個領域達到超維的結果是非常難的，這需要善於打破常規的頂尖人才加入，以及參與者需要擁有持之以恆的探索精神。

在追求超維的過程中，我們需要回歸事物的原點，將之前的框架打破，用全新的邏輯和視角進行探索與重構。就比如我們希望用鋼筋水泥結

---

[030]　FICO 官網：www.fico.it/en

第三章 錯維路徑：重構維度邊界

構搭建摩天大樓時，原有木製建築的結構框架就不足以支撐當下的需求，那麼就需要探索新架構的可能性。因此，隨著時代的不斷進步，新的技術與工具不斷浮現，每件事物都存在不斷超維的可能。

此外，國家之間的競爭力也依託於超維，超維的能力代表了我們對於各個領域主導的能力，決定了產業的話語權。未來，我們期待更多能夠引領產業或領域變革的人才出現，透過他們的智慧和努力，推動我們在更多領域實現超維，進而在國際競爭中占據更加有利的位置。

3.2 增維

增維定義：在原有維度（變數）之上，增加新維度（變數）的過程。

正如上一章我們所講：事物的解決方案，往往是在另一個維度。能夠融入更多維度，是我們解決單維困境的絕佳解決方案。在高能物理和理論物理的探索中，日裔美籍物理學家加來道雄透過其著作《穿梭超時空》（*Hyperspace*）引領我們進入新概念──「自然規律在高維空間更簡單」。這可以理解為，如果我們將觀察的「視角」提升到更高的空間維度，自然界的規律看起來會更加簡單和易懂。簡單來講，我們生活在一個三維的世界中，所有的事物都有長度、寬度和高度。但加來道雄提示我們，如果我們能「走進」一個四維或更多維度的世界，許多看起來複雜的自然現象就變得易於理解了。

近幾年熱議的元宇宙概念，其實就是針對現實世界的一次「增維」。它不僅在虛擬世界內建構了全新的空間，突破了地理邊界和物理邊界，同時也拓寬了社交的緯度，使得不同文化和地域的交流不再受制於物理空間

的約束。人們能夠在元宇宙展開工作、學習、娛樂等活動，這也賦予了人類嶄新的存在方式。

深入研究歷史，不難發現，國家的崛起也與增維有著密不可分的關係。荷蘭在 17 世紀時期經歷了一段被稱為「荷蘭的黃金時代」的歷史階段，這一時期的崛起，在相當程度上得益於其在商業和貿易層面的創新和拓展，其中增維確實發揮了非常關鍵的作用。不難發現，荷蘭透過引入公司制度和股票市場，實際上在經濟組織和運作上加入了新的維度。

股票市場的出現，實則是為商業增加資本與時間的維度。傳統的商業活動往往關注於短期的交易和利潤獲取，而股票市場的出現，允許了在更長的時間尺度上對商業活動和投資行為進行考慮和規劃。企業可以有更長遠的發展目標和投資計畫，而投資者也可以期待透過長期的投資獲得回報。時間的增維，為經濟發展和資本累積提供了更加深遠和持久的動力。而資本的增維使得企業的經營打破了區域的局限，向更廣闊的全球化發展。

近些年，諸多品牌受益於增維的方式，它們努力跳脫原有產業維度的束縛，將新的維度融合在品牌的經營之中，並獲得了優異的成績。

Gentle Monster 裝置藝術

在當今競爭激烈的商業環境中，Gentle Monster（GM）憑藉其別具一格的空間美學和沉浸式藝術體驗，成功吸引了無數目光。這一頗具創新力的眼鏡品牌深諳消費者的需求，並透過超現實裝置藝術和不斷變換的門市場景，為顧客提供了獨特的購物體驗（如圖 3-5 所示）。

图 3-5　Gentle Monster[031]

　　GM 的創始人金韓國（Hankook Kim）深知消費者內心渴望的並非單純的產品，而是創意與新鮮感。為了滿足這一需求，他果斷地將超現實主義和空間美學的元素融入實體門市，從而實現了策展型商店的價值。GM 的每個店面都呈現出獨特的空間設計，讓消費者在夢幻般的藝術氛圍中感受到無與倫比的創新實驗。它成功定義了新的消費理念，讓消費者從單純消費產品轉換到消費產品背後的空間藝術。

---

[031]　照片。

在短短幾年間，GM 便成了明星、時尚人士的熱捧品牌，打造了一種全新的零售體驗。這一成功案例充分證明了，只有深刻理解消費者的需求，敢於突破傳統思考，將藝術與商業完美結合，才能在激烈的市場競爭中脫穎而出。GM 用其獨特的品牌理念和空間美學詮釋了創意的力量，為產業樹立了成功的典範。

GM 這場對於傳統眼鏡產業的一場增維升級，讓我們重新看到了傳統產業升級的可能。

不難發現，增維同樣能夠讓企業在同產業之中脫穎而出。然而想要達成增維的結果並沒有想像中那麼簡單。實現增維的前提是擁有敏銳的洞察力和跨界的思考能力。在商業競爭中，透過增維的方式可以使品牌發現和掌握住對手未能察覺（或未被充分利用）的機會。要實現增維，就需要創業者能夠站在一個更加整體和多元的角度，覺察到事物發展的各種可能性，然後透過創新的方法，將這些新的維度轉化為自身的增維。而在現實的商業中，由於市場中產品與品牌的飽和，服務與體驗維度將會成為各企業下一個必爭之地。

3.3 升維

升維定義，同一事物（維度）上的勢能或級別的提升。

升維的核心是充分洞察事物內在的勢能階梯。各種事物由於勢能的強弱差別，會自然地展現出一個階梯性的能量級別分布。每一個能級通常都具備自己的特徵與形態。例如我們提到過的學歷的階梯、不同車型的階梯等。

第三章　錯維路徑：重構維度邊界

清楚地了解每件事物的能級，是升維的核心，因為你需要以此判斷自身與競品在特定維度所處的能級位置，以及自身是否能夠在此維度中進行升維，且相對於競爭對手構成級差的優勢，也就是比競爭對手高至少一個階梯。

升維代表著自身勢能的提升，高勢能也意味著競爭力的強化，以及對於消費具備更高的吸引力。因此在品牌創立之初，透過升維的方式建構自己在核心維度上的優勢變得十分關鍵。因此，在諸多快速成長品牌的發展歷程中，升維已經成了打開知名度的方式。

Beats，品牌升維

在品牌的升維中，Beats 耳機[032]的操作可謂是「教科書級別」。也許許多音樂愛好者覺得 Beats 已經不再是音質的最佳選擇，但這個歷經 14 年風雨的品牌卻勇敢迎戰，再次獨領時尚潮流，向世界宣告它才是流量之王。

Beats 天生具有音樂基因，自誕生伊始，就擅長利用明星影響力為品牌造勢。起初，美國知名音樂人關‧史蒂芬妮[033]、妮姬‧米娜[034]等都喜愛 Beats，並將其納入音樂影片，提升了產品知名度和潮流特質。之後，籃球巨星勒布朗‧詹姆斯[035]在奧運會上為其火熱推廣，從此 Beats 在體育圈成為時尚風向標。許多運動員賽前熱身都必備專屬的 Beats 耳機，泳壇

---

[032]　Beats 是 Apple 旗下的耳機品牌。
[033]　關‧史蒂芬妮（Gwen Stefani），1969 年 10 月 3 日出生於美國加州，美國女歌手、演員、設計師。
[034]　妮姬‧米娜（Nicki Minaj），1982 年 12 月 8 日出生於千里達及托巴哥共和國聖詹姆斯，美國饒舌女歌手、詞曲作者。
[035]　勒布朗‧詹姆斯（LeBron James），全名勒布朗‧雷蒙‧詹姆斯（LeBron Raymone James），美國職業籃球運動員，司職小前鋒，其籃球天分極高、突破犀利，擁有出色的視野和傳球技術，被認為是 NBA 有史以來最為全能的球員之一。

巨星菲爾普斯（Michael Phelps）和足球明星內馬爾（Neymar）都成了它的忠實粉絲。

圖 3-6　Beats 耳機 [036]

接下來，Beats（如圖 3-6 所示）與 Lady Gaga[037]、小賈斯汀（Justin Bieber）和當紅歌手怪奇比莉（Billie Eilish）等眾多明星聯手，將品牌的音樂屬性發揮到了極致。此外，Beats 還與蘋果（Apple）、Fendi、Alexander Wang、MCM 等大品牌跨界合作，推出一系列時尚單品。國際巨星的加入以及與其他國際大牌的聯名，使得品牌勢能獲得了「升維」。消費者無形之中，會將品牌與國際巨星的身分畫上等號。這樣的策略不僅讓 Beats 煥發新生，更為其他想要開疆拓土的品牌提供了一種值得借鑑的路徑。

茶飲，產品升維

曾掀起茶飲市場排隊神話的某品牌，它的成功背後離不開其在產品層面的重要「升維」。在早期的市場中，出於成本和操作的便利性考量，許

---

[036]　官網產品圖，www.beatsbydre.com。
[037]　Lady Gaga，本名史蒂芬妮‧喬安‧安潔麗娜‧潔曼諾塔（Stefani Joanne Angelina Germanotta），1986 年 3 月 28 日出生於美國紐約曼哈頓，美國女歌手、詞曲作者、演員、慈善家。

第三章　錯維路徑：重構維度邊界

多茶飲品牌往往選擇使用茶精、奶精和水果醬作為飲品的主要原料。這一方式已經在市場上存在了相當長的一段時間，也形成了大眾對奶茶味道的一種基本認知。

而某品牌茶飲的崛起，正是在於它打破了這一傳統的模式。首先是在原料的選擇上，該品牌傾向於使用新鮮水果而非傳統的水果醬，這不僅帶來了更為自然醇厚的口感，還在一定程度上滿足了現代消費者日益提升的健康需求。而新鮮水果的使用，也使得每一款飲品都彷彿蘊含著自然的味道和力量。此外，該品牌對製作奶蓋也做了升級。不同於傳統奶茶店常用奶精製作奶蓋，喜茶選擇使用高品質的起司和乳製品，創造出濃郁且滑膩的口感，與茶水和新鮮水果完美融合，為消費者帶來一種全新的味覺體驗。

茶飲產品升維，使得其一躍成為茶飲產業勢不可擋的新星。再加上其巧妙的稀缺感（排隊購買）的營造，該品牌成功地將一杯普通的茶飲升級成一種時尚和生活態度的象徵，贏得了大量忠實的消費者，也快速成為整個茶飲產品創新維度的標竿。

在應用錯維競爭中，升維通常是一種較為容易應用的方法。相較於超維和增維，升維要求企業投入較少的資源配置，允許它們在已有的產業維度中進行能級的調整。因為，這些能級階梯大多有可以參照的對象，使得實施更為具體和可行。

3.4 其他錯維概念：跨維與降維

跨維

跨維定義：非相關維度之間的全新連結。

在商業之中的跨維，我們可以理解為跨越與聯合原本不在一個維度上的新事物，實現它們之間的創新型連結或結合。跨界的目的往往是出於創造全新的事物，這種事物可能會是一種錯維創意，能夠快速地引人注目；或是找到未被開發的市場，用自身的核心優勢，打造更具競爭力的產品；或是一種強強的聯合，將合作方的長處融合在一起，吸引更多客群等。接下來，依據上述的目的，我們將解讀一下跨維運用的方向。

1. 品類跨維度融合

這通常是將不同維度的產品（或服務）進行融合，從而創造出全新的產品或服務類別。不同品類的事物，由於外形與特性都有所不同，因此很容易誕生全新的「物種」。我們在錯維創意中也提出了跨品類融合的方式，不同品類在重新融合後，各自的優勢也會相互疊加。隨著科技的進步，一個萬物皆可融合的時代即將到來，這也為品類的跨維融合打下了堅實的基礎。

2. 品牌跨維發展

品牌跨維發展意味著一個品牌超越其原有的產品、服務或場景，進入一個與其原本領域不相關的新領域。在快速迭代的商業環境中，品牌跨界延伸和品類創新成為推動企業成長的新動力。近幾年，一個曾經的傳統醫

第三章　錯維路徑：重構維度邊界

藥品牌，成功拓展了 OK 繃、口腔護理等新市場的歷程就是跨維發展不錯的例證。

(1) 雲南白藥

雲南白藥，是老字號的醫藥品牌，主打產品「雲南白藥」創立於清光緒二十八年（1902 年）。超百年的歷史也使它成為無人不知、無人不曉的超級品牌，其止血化瘀的特性得到了消費者的廣泛共識。而之後雲南白藥的跨維發展，都是以止血的標籤，以及其超過百年歷史的品牌強勢背書開啟的。由於創傷藥市場空間的局限，也使得雲南白藥需要積極地探索其他領域的市場可行性，而在 OK 繃與牙膏品類的跨維發展中已獲得了不錯的成績。

(2) OK 繃市場

在 OK 繃品類中，曾經的 A 品牌可謂是一家獨大，憑藉其「防水」這一核心價值點站穩了市場地位。然而，雲南白藥透過巧妙地打出「有藥好得更快些」的市場概念，重新定義了 OK 繃的價值和功能，將其從單一的防水保護拓寬到藥用防護的領域。這一創新概念不僅符合 OK 繃的使用場景——促使傷口更快癒合，而且更加精準地觸達了消費者的重要需求價值點：不僅要保護傷口，還要更好地癒合。雲南白藥透過加入「藥」這一新維度，有效地提升了 OK 繃的實用價值，進而更加深入地滿足了消費者在選擇 OK 繃時對於快速癒合這一核心需求的追求。

而在 OK 繃的研發過程中，雲南白藥並不是閉門造車，而是專注於自己擅長的「止血」層面，對於其他維度進行有效的全球資源的整合，將 OK 繃的研發外包給 3M 公司，把生產委託給拜爾斯道夫等。這種強強融合，也是雲南白藥 OK 繃可以迅速占領市場的重要原因，因為它並不是僅提供

「止血」的價值，而是提供了基於「止血」的強勢價值系統。至今，雲南白藥 OK 繃已經獲得市場 70% 的占有率。

(3) 專業口腔護理

在 OK 繃之後，2005 年雲南白藥的第一款牙膏也成功面世。它看準了消費者一大痛點——牙齦出血。牙膏，通常被視為日常清潔用品，而雲南白藥牙膏則憑藉其「止血」的功效，成功地契合了消費者的潛在訴求。雲南白藥牙膏強調其在口腔護理上的藥用效果，例如舒緩牙齦問題、修復口腔黏膜等，雲南白藥也藉此突破口，成功樹立了專業口腔護理的品牌形象。

此外，在消費者的認知中，牙膏通常被認為等同於「化學製品」，雲南白藥牙膏則打破這一認知，用中藥的概念與牙膏重新融合，形成鮮明的品類印象，與其他品牌形成有效的差異化。這也為消費者提供了新的選擇，並迅速獲得市場認可。

回望雲南白藥的跨維發展歷程，其成功雖然是不可複製的，但它出色的跨維發展的思路卻能給我們很好的啟示。雲南白藥跨維發展的核心，首先，就是立足於自己的「長處」維度，尋找未被占領的其他品類，用「藥用」的專業高度對於日常用品進行降維打擊。其次，就是懂得整合與配置的力量，不再受困於自身僅有的能力，而是能夠擁有相容並包的格局，讓優秀的資源在自己建構的平臺之上，放光發熱。

在「2022 年度市場調查報告」中，雲南白藥牙膏憑藉 24% 的市場占有率，雄踞牙膏產業的寶座，展現了其在這一領域的卓越競爭力。那麼雲南白藥將如何藉助牙膏業務的成功，進一步拓寬其他領域和策略布局，無疑值得市場的繼續關注。

3. 跨維合作

這種合作通常指的是不同領域、不同產業的品牌之間的合作。近幾年流行的跨界聯名其實就是這樣的概念，來自不同領域，具備不同風格的品牌。例如，科技公司與時尚品牌的合作，打造出融合了科技與時尚元素的新產品，實現在市場上的差異化定位。

圖 3-7　醬香拿鐵咖啡 [038]

2023 年 9 月 4 日，一場融合了瑞幸咖啡與茅臺酒業的跨界聯名令全網「瘋狂」——「醬香拿鐵咖啡」（如圖 3-7 所示），僅僅一天的時間，銷量就突破了驚人的 542 萬杯，銷售額更是超越了 1 億元。這不僅是一次產品層面的創新，更是在品牌行銷層面上的一次大膽嘗試。可以說這是一次不錯的錯維創意的展現，既有東方醬香白酒與西方咖啡品類之間的錯維，還有高階與大眾的兩極錯維。

這場聯名合作對於宣傳兩個品牌，無疑獲得了極大的成功，短時間內

---

[038]　照片。

3.4 其他錯維概念：跨維與降維

迅速刷新了瑞幸的單品銷量紀錄，並在社群媒體上掀起了一陣熱議。當然這其中也有值得探討的問題，特別是當一款價格昂貴、象徵著一定社會地位和生活品味的高階酒能夠以相對低廉的價格輕易獲取時，其品牌的獨特性和溢價能力是否會受到一定程度的削弱？

當然跨維還存在更多可能性，需要隨著時間慢慢發掘。但可以確定的是，跨維可以成為一種我們突破思考的方式，也可以作為一種練習，訓練我們的創新思考能力。很多創業者很難擺脫原有品類框架的束縛，如果是販賣稻米就只會參考別人的賣點、包裝與管道，這顯然無法讓你獲得有效的提升。那麼，稻米除了作為主食而言，還可以應用在哪些場景中呢？米酒、藝術畫、微雕、保養品、健康油漆、休閒食品等。而這些應用的場景，就很有可能存在市場的空白，等待深入升級。

降維

降維定義：高維事物對低維事物，或多維事物對少維事物的競爭狀態。

在錯維競爭的理論中，降維是我們希望最終達成的結果。降維可能並不適用於所有企業，因為一些企業已經處於相對有限的維度，無法進行降維。因此品牌想要達成降維的目的，自身較競爭對手必須具備更高（或更多）的維度優勢，這意味著在降維之前，你需要透過升維、超維或增維等方式建構自身的勢能。

3.5 錯維競爭是一個系統

商業競爭是一場循環往復的大魚吃小魚遊戲

人們常說，商場如戰場，有人、有商業的地方就會有競爭。這好比一場循環往復的「大魚吃小魚」遊戲。

相信大多數人有接觸過類似「大魚吃小魚」的遊戲，其中的遊戲邏輯很簡單，在成長的過程中，不斷吃比自己小的魚，並要迴避比自己體形更大的魚，才能最終成為食物鏈中的霸主。這似乎跟我們錯維競爭的觀點不謀而合——大魚吃小魚，小魚吃蝦米。

商業的戰場中，品牌們如同游弋的魚兒，為了占領更大的市場占有率，它們不斷地追尋並吞噬比自己更小、更弱的競爭對手。對於那些剛剛涉足市場的小品牌來說，它們需要找到自己的生存空間，而這往往意味著攻占比自己實力稍弱的競爭者的地盤。透過這樣的方式，小品牌不斷壯大，逐步躋身產業中的中堅力量。

對於那些已經具備一定市場地位的品牌來說，它們在成長過程中繼續尋找比自己弱的競爭對手，進一步擴大市場占有率。這時候，這些品牌不僅要關注市場上的新興小品牌，還要瞄準那些同等實力但在某些維度上有所不足的競爭對手，以求在錯維競爭中搶占先機。

錯維競爭的過程還可以被看作一場有趣的象棋比賽。在經典的棋類遊戲中，每一種棋子（維度）擁有特定的移動能力和作戰範圍，塑造出一個層次豐富、策略多變的博弈空間。每一步棋不僅在空間上做出選擇，更在可能觸發的連鎖反應、對手可能的反應等多個維度上進行深度思考。同

樣，錯維競爭要求企業在多維度的市場環境中，不只局限於傳統的競爭路徑，而是在更多的層面尋找和創造競爭優勢。

每個企業在市場的賽局中就像組合一枚枚具有特定能力的棋子，其產品、品牌、價格、服務等多個方面構成了其在商業戰場上的「戰鬥力」。在這場多維賽局中，企業需在這些不同的方面上精心布局，靈活調整策略，或聚焦在某一維度達成領先，或在多維度上形成合力與競爭對手展開角逐，從而在這場高度複雜的商業賽局中制定出高效的策略，充分展現其競爭智慧。

錯維競爭策略展現了品牌或企業在多維度競爭環境中的布局，它不應被淺顯地理解為一種簡單的、局限於單一維度的競爭方法。這個理念強調的是一個系統化、多維度的策略體系，涵蓋超維、升維、增維等不同的策略路徑和方法。在這樣一個競爭體系中，單一維度的優劣不再是唯一的決定因素，因為它需要在多維度之間進行均衡和配置。

建立具備壓倒性能量的競爭體系

錯維競爭所表達的核心不僅是在多維度中發掘和建構差異化的競爭優勢，而且是如何透過這些維度在整體上建立一個具備壓倒性能量的競爭體系。它強調，在進行錯維競爭時，品牌或企業要進行全方位的競爭勢能分析，這包括了對自身及競爭對手在各個維度上的能量階梯的深入分析和配置。

要在錯維競爭中建立優勢，關鍵在於如何透過錯維創意和錯維勢能的調整，在某一個或多個維度上形成明顯的勢能優勢。錯維勢能是運用高維（或多維）的勢能差，在單一維度（或多個維度）對競爭者構成絕對優勢。

第三章　錯維路徑：重構維度邊界

它要求企業在維度數量相等的情況下，在其他維度的勢能相近時，至少一個維度上擁有顯著高於競爭對手的能量階梯。而在維度數量不同時，要確保在重疊維度上與競爭對手保持勢能接近的同時，在其他新增的維度上建構新的競爭優勢。

同時，錯維競爭也可以被理解為錯開維度的競爭方式，也就是當某一維度中，對於競爭對手我們無法做到超維和升維，需要主動調整自己競爭的維度，從而在一個不同的維度或競爭對手相對薄弱的維度上與其競爭。這裡的「錯開維度」理念其實就是實施一種縱深策略，盡量避免與競爭對手在其強項上正面衝突，轉而在他們不那麼專長或者關注度不高的領域尋找機會和空間，以便能夠更有可能超越他們。

以一個想要與 Dyson 競爭的企業為例，面對 Dyson 在品牌影響力和產品技術方面的深厚累積，直接在這兩個維度上與其一較高下將是極為困難的。Dyson 在這兩個維度上的勢能較強，說明它在品牌認知度和產品技術的創新上已經建立起了相當高的壁壘。新進入者希望在這兩個維度上針對 Dyson，實現升維或超維，幾乎是不可能的。

因此，在這種情況下，錯維競爭的實施需要這家企業切換維度，尋找 Dyson 尚未充分涉足或優勢不夠顯著的領域來進行競爭。這裡，價格和服務成了值得考慮的新維度。

比如，透過最佳化供應鏈而獲得更低的製作成本，用與 Dyson 吹風機功能相近的產品以及更有吸引力的價格，成為對價格敏感的消費者族群的「平價替代品」。此外，新品牌可以透過增強售後服務、客戶關係管理，甚至可以提供線下的免費造型的加值服務，在服務維度上形成區別化競爭。運用與 Dyson 的錯維競爭的方式，進而為品牌贏得一定的市場占有率。

3.5 錯維競爭是一個系統

所以,錯維不僅僅是一個簡單的策略調整,更是一種主動尋找、創造和掌握新機會的策略行為,要求企業能夠在多個維度上保持高度的敏感和反應能力,以及在實施策略時保持足夠的靈活性和決斷力。

在第 7 章中,我們將引入價值系統的評分模型,從而使大家更加清楚地理解品牌與競爭對手在多個維度中的勢能較量。你會發現,當自身與競爭對手的各維度的勢能強弱,清楚地展現在一起時,應該在哪些維度進行錯維的調整將變得一目了然。

第三章　錯維路徑：重構維度邊界

第四章

錯維創意：不可能即是可能

　　你會發現錯維的情節總是讓人刻骨銘心，《阿凡達》（Avatar）演繹了跨星球的愛恨情仇，《水底情深》（The Shape of Water）演繹了跨物種的互生情愫，《鐵達尼號》（Titanic）演繹了跨越階層的生死愛戀。

　　但如果事情都是同維發展，或許最終都會變得索然無味。王子、公主一開始就青梅竹馬，最終過上了幸福的生活，相信你沒看多久就會覺得，這樣的劇情簡直就是爛大街了！但換作帥氣的王子偶遇灰姑娘呢，或當白雪公主誤入了樹屋撞見七個小矮人，會不會讓你一直記憶猶新！顯然，錯維的劇情往往更容易在觀者心中埋下美好的種子。

　　隨著商業中同質化進程的加劇，所有的事物都值得用錯維創意的方式重新演繹一遍。因為在未來的世界中，獨特將是最有價值，也將是最為稀缺的東西。

第四章　錯維創意：不可能即是可能

4.1 錯維創意：忍不住打開的潘朵拉魔盒

　　為什麼創意對於品牌（企業）而言至關重要呢？這需要我們回歸到人類能夠發展的本源來思考。而這一切都應該從潘朵拉魔盒的故事開始。我們總是將潘朵拉魔盒與災難、好奇的寓意連繫在一起，每每談論它時就會不由自主地給它披上一層神祕的面紗，那什麼是潘朵拉魔盒呢？

　　潘朵拉魔盒又稱潘朵拉盒子、潘朵拉匣子。傳說潘朵拉是天神中最高統治者宙斯為了懲罰盜取火種的普羅米修斯，而讓火神赫淮斯托斯用黏土製造出的大地上的第一個女人。眾神賜予她很多禮物，包括華麗的外衣、漂亮的外貌、強大的好奇心⋯⋯其中最危險的是一個看起來十分精美的盒子。之後，宙斯將潘朵拉送給了普羅米修斯的弟弟厄皮米修斯，兩人喜結連理。儘管厄皮米修斯一再告誡潘朵拉千萬不要輕易打開盒子，否則將會有各種精通混沌法力的邪靈從中跑出來危害人間。可是潘朵拉在好奇心的驅使下，最終打開了魔盒，一時間各種瘟疫、災禍降臨人間，世界被邪靈侵擾陷入混沌中，所以人們把潘朵拉魔盒喻為不幸的禮物。

　　從古至今，人們關於人類發展的原動力一直爭論不休。有的說是人的欲望，有的說是生存的需求，還有的說是創新思維，可謂是眾說紛紜。如果從不同的角度分析，以上這些結論各有各的道理，但我們或可總結出一條最核心的觀點：好奇心才是人類發展的原動力。也許潘朵拉魔盒的打開會帶給人類災難，但是我們不得不承認，正是好奇心在以看不見的方式推進著人類的演進。

洛溫斯坦的知識缺口理論

為了更好地了解好奇心對於人類的作用,以及其對於商業的推動方式,卡內基美隆大學行為經濟學家洛溫斯坦(Roger Lowenstein)[039]在經過多年研究之後,提出了「知識缺口」理論(如圖4-1所示)。這一理論為我們提供了一個有效的觀察窗口,透過它,我們可以探討人們在面對未知資訊時產生的好奇心,以及強烈的求知欲。

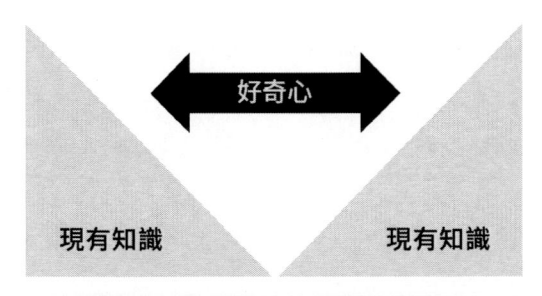

圖4-1 洛溫斯坦的知識缺口理論

當我們在生活中遇到能夠用已有知識解釋的現象時,我們不會產生強烈的好奇心,因為這些現象與我們的認知相符合。然而,當我們遇到某些特殊的、無法用現有知識解釋的現象時,就會產生所謂的知識缺口。在這種情況下,我們會產生強烈的好奇心,並希望能盡快弄明白這些現象,以彌補我們的認知缺陷。例如,如果你看到一個變幻莫測的魔術表演,就會讓你產生好奇心,因為這種現象並不符合我們日常生活中的認知。你會想了解這個魔術師是如何完成這些奇妙的魔術的,以及他們是如何訓練出這樣的技能的。

洛溫斯坦的知識缺口理論[040]對於品牌行銷來說也具有龐大的潛力。

---

[039] 羅傑・洛溫斯坦,《華爾街日報》資深財經記者,負責股票專欄「華爾街聽聞」和「固有價值」。
[040] 知識缺口,股市專業術語,常用於經濟學領域。洛溫斯坦認為,當我們覺得自己的知識出現

第四章 錯維創意：不可能即是可能

品牌可以利用這一理論來創造出具有挑戰性和新穎性的產品和行銷活動，從而激發消費者的好奇心，引導他們去了解更多關於品牌和產品的資訊。就好比某個汽車品牌推出一款具有獨特外觀和先進科技的新型汽車，這樣一來，消費者可能會對這款車的設計、技術和性能產生濃厚的興趣。在這種情況下，品牌就成功地在消費者的知識體系中打開了一個缺口，從而激發了他們的好奇心和購買欲望。

好奇心對於人們的消費行為有著如此之大的效果，那麼在商業之中我們該如何做，才能成功激發消費者的好奇心呢？我想，這一切都應該從如何做出「出奇」的創意開始。好的創意會讓品牌變成所有人都忍不住打開的潘朵拉魔盒！那麼，如何才能快速地形成好的創意呢？相信讀完本章後，你就會得出自己的答案。

4.2 錯維創意的定義

錯維創意，引爆品牌的「超級炸彈」

想像一下，作為一家普通的礦泉水商家，你竟然讓每瓶水的容量減半，而銷量卻超過了賣整瓶水的業績，甚至還成長了6倍！這究竟是怎麼做到的呢？一家瓶裝水公司成功實現了這一壯舉，祕訣就在於將公益事業與廣告行銷相結合。

我們都知道，在日常生活中，很多人在會議或活動上喝了半瓶礦泉水就隨手丟棄。事實上，這些被浪費的水已經足以滿足80萬缺水地區兒童

缺口時，好奇心就會產生。

的飲用需求。某瓶裝水公司洞察到了這一點，果斷採用「一分為二」的策略：要求旗下多家分公司的 45 條生產線每天生產 5,000 萬瓶半瓶裝礦泉水，瓶身印有缺水地區兒童的照片，並將其銷往各大賣場和便利店。與此同時，剩餘的水資源被捐贈給了那些急需水源的孩子們。

消費者雖然仍需支付 2 元購買半瓶水，但透過掃描 QR Code 了解到了自己為缺水地區的貢獻，滿足了個人的心理需求。瓶裝水公司巧妙地將節約用水和慈善結合起來，激發了人們的善意和社會責任感。這種創新理念使得該品牌受到了上百家媒體的好評和廣泛關注，極大地提升了品牌知名度。

正如一顆星火能燎原，一個好的創意有時看似微不足道，卻擁有照亮整個夜空的力量。瓶裝水公司的成功案例充分說明了，對於品牌來說，一個巧妙的創意無疑是引爆市場的「超級炸彈」。

好的創意是最低成本的行銷方式

網路從來不會害怕話題太多，而是害怕沒有話題。在資訊高速互通的時代，擁有好的傳播話題越來越關鍵，因為具備話題性（爭議性）的傳播點才是竄紅網路的核心。而在商業競爭中，好的創意一定是先於產品的。產品再好也得消費者用過才會知道。因此讓消費者願意主動了解你的意願，有時候比產品本身更為重要。對於企業而言，短時間內可以沒有好的產品，但至少也要有好的創意。

在行動電商時代，商品的成交逐步地變成了數位化的產品，變成了視覺化的投產比：商品的銷量＝進店率 × 進店轉化率 × 商品客單價。如果消費者對你的商品無感，那麼進店率與轉化率都會處於很低的位置，銷量

第四章　錯維創意：不可能即是可能

的提升就變成了天方夜譚。沒有人願意主動了解你的商品，也沒有消費者願意自動分享傳播你的商品，企業就需要耗費大量的成本在行銷方面。就算把企業的費用榨乾，也不會有好的結果。因此讓好的創意帶動品牌至關重要。

　　在所有書店都在比拚規模與書籍數量的時代，如果你的資金非常有限，僅僅能租下十幾平方公尺的小店，你會用什麼奇特的方式創辦自己的書店呢？日本的一家書店給了我們不錯的答案。它就是坐落在日本東京最繁華的銀座商業街邊上的「森岡書店」（如圖 4-2 所示）。一度被稱為「全球最小書店」，在電子書籍代替紙質書籍的時代，它依然能夠保持顧客絡繹不絕，一年營業額高達 300 萬元。

圖 4-2　森岡書店[041]

---

[041]　森岡書店推特：twitter.com/morioka_ginza

4.2 錯維創意的定義

網路書籍的出現讓人們拋棄了傳統的紙質書，即使是知名大學附近的書店也免不了陷入不景氣的慘淡狀況。那「森岡書店」為何能得到大眾的另眼相待呢？

這個僅有15平方公尺的小書店每週只賣一本書，儘管房租就高達15萬元，店主森岡仍堅持自己的原則。最初階段，森岡也曾與其他書店一樣僅僅依靠擴大藏書量去經營，可是無論如何努力都超越不了電子書的盛行，最終只好被迫關門。後來有一天，森岡偶然路過一家餐廳，看到店主每天都會精選一道湯，顧客進店後別無選擇只能購買這道湯，森岡猛然想到，如今自己書店裡，很多讀者不也正是因為琳瑯滿目的書籍不知挑選哪本，無奈只能空手而歸嗎？

在餐廳的啟發下，森岡決定重新開一家書店，小店無須裝修得多麼富麗堂皇，只需擺一本書、一張搖搖欲墜的長椅、一張抽屜櫃，以及幾幅與書籍有關的宣傳畫就好。他把全部的心思放在了精挑細選書籍上，為了讓讀者能夠在最短時間內了解圖書的大致內容，森岡每天要閱讀大量新出版的書籍，然後經過對比選擇出定期銷售的書籍，並篩選出經典的語句和圖片製作成宣傳畫貼在書店各個角落。

就這樣，森岡書店以新奇獨特的銷售方式吸引了大批的顧客慕名而來，但無論顧客多少，都只能買一本書，而且沒有選擇的餘地。不僅如此，森岡還會在每本書上架時重新布置一番書店，他認為，每本精挑細選出來的書籍都值得擁有獨特的展覽形式，以表示對顧客的敬意。

在激烈的市場競爭中，「獨特性」成了一把鋒利的武器。當你在眾多競爭對手中變得獨特時，很容易就可以從眾多競爭對手中脫穎而出。一個獨具特點的創意，不僅能夠讓品牌大大地降低行銷成本，還能讓消費者產生強烈的認同感，從而獲得主動的傳播和忠實粉絲。

第四章　錯維創意：不可能即是可能

什麼是錯維創意？

　　那麼如何才能做出好的創意呢？不難發現，當事物的理念跳脫了本身維度的限制之後，好的創意便自然而然地流露出來。選秀節目中擁有好嗓音的歌手，往往會被評價「唱得很好，卻沒有辨識度」。這都源於你掉進了無窮盡的同維競爭之中，你會發現自己很難從成千上萬個相同的聲音中脫穎而出。脫離同質化的「獨特」嗓音，才是最終獲勝的法寶。

　　而稱霸華語樂壇 20 餘年的周杰倫，他的成功不僅僅是源於他過人的才華與勤奮，更是因為他將西方 R&B 的元素與東方音樂元素相融合，創造出了全新的曲風。更是讓來自世界各地的人們都愛上了華語音樂。

　　無獨有偶，歷史中的繪畫大師也多是錯維的產物：天才繪畫大師畢卡索（Pablo Picasso）早期學習繪畫時非常善於寫實繪畫技法，所有的事物都可以畫得唯妙唯肖。但漸漸地，他選擇用自己獨特的方式作畫，繪畫老師曾表示，他這樣不守規矩的技法都是錯誤的，是沒有前途的，然而這一切最終卻無法束縛畢卡索的成功。畢卡索建構了全新的超現實立體畫派，善於使用二維線條勾勒三維事物的動態與情感。他曾說：「我終其一生，才畫得像個孩子。」當然不僅僅是畢卡索，張大千、梵谷（Vincent van Gogh）、達利（Salvador Dalí）無不是用另一種維度的畫法詮釋著自己對於藝術的理解。

　　所以當我們將原有事物的維度進行調整，或將不同維度的事物重新組合，新的創意就產生了。然而由於事物的維度眾多，錯維所能帶給我們的創意表現更是無窮無盡的，千變萬化的。所以想要玩轉創意，錯維創意一定是你值得掌握的必備技能。那什麼才是錯維創意呢？

　　錯維創意的定義：一切由錯維所引發的創意形式。

錯維創意就是需要超越原有維度規則的限制。當事物突破原有維度極限，或同維度中兩極的元素互換，或由不同維度的事物要素融合重組，都會是錯維創意的表現形式。因其形成了全新事物，會跟原本同維的事物形成強烈的反差感。我們就是需要利用這種強烈的衝突與反差，吸引更多的人前來圍觀或分享。那麼如何來製造錯維的創意呢？

4.3 錯維創意的方法

極致超維：超出認知的「最」

所謂的極致超維，就是事物突破了原有維度的極限，並建構新的極限的過程。

任何一項事物，發揮到極致，都會產生超乎尋常的結果，品牌的錯維創意也是如此。顛覆消費者認知，突出品牌之「最」，形成品牌特色，一方面極致錯維可以產生極大的聲勢；另一方面還可以賦予品牌不容拒絕的魅力。當然，構成事物的維度有 N 種，每個維度的極限都有可能被突破，從而誕生全新的品牌。

如果在看重時間積澱的高級製錶產業，新品牌將如何突出重圍呢？是編造一個更長歷史的品牌故事嗎？當然不是，既然做不了歷史最為悠久的手錶，我們何不換個維度來打造屬於自己的產業之最呢？

2001 年有一個劍走偏鋒的瑞士企業，沒有遵循傳統的製錶工藝，而是用「鈦」、「碳纖維」等新型材料打造出了世界上最「輕」的手錶品牌。它就是億萬

第四章　錯維創意：不可能即是可能

富翁的「入場券」——瑞士奢侈品牌理察‧米勒（RICHARD MILLE）[042]。對於運動員來說，一款重量輕、能扛得起大幅度擺動臂膀的機械手錶真的是可遇而不可求的。理察‧米勒推出的 RM 027 陀飛輪錶款，打破了傳統重金屬機械手錶的概念，它的錶殼採用了高碳含量複合物材質，與碳纖維的錶帶連接在一起，不僅在整體上顯得更輕盈，而且也具有很強的抗震性，並為內部機芯設計保護結構。RM 027 這款機械錶展現的是一種族群文化，專為體育運動員量身打造。以極輕的舒適感和極強的抗扭剛度成為體育圈的「寵兒」，全錶的重量不到 20 克，被稱為世界上最輕的陀飛輪手錶。

圖 4-3　Spirytus 烈酒 [043]

除此之外，你知道世界上度數最高的酒是多少度？常見烈酒的最高度數一般在 72 度，而原產於波蘭的伏特加——斯皮亞圖斯（Spirytus）[044]

---

[042]　RICHARD MILLE（理察‧米勒）是一家創立於 2001 年的瑞士高級製錶品牌，打破傳統製錶業束縛，打造舒適、抗震、耐用、精準又輕盈的腕錶，被譽為「手腕上的 F1」。

[043]　照片。

[044]　Spirytus，全名 Spirytus Rektyfikowany，英文譯為 Rectified Spirit（蒸餾酒），中文譯作斯皮亞圖斯，是一款原產波蘭的蒸餾伏特加。酒精度數高達 96%，是世界上酒精度數最高、最烈性的酒。

4.3 錯維創意的方法

（如圖 4-3 所示），它是以穀物和馬鈴薯為原料，經過 70 次反覆蒸餾而釀製成的高達 96 度的酒款，是目前世界上已知的度數最高、烈性最強的酒，正因如此，它有個好聽的名字「生命之水」。

如果說 Spirytus 是烈酒中的「王者」，那麼 67.5 度的 Snake Venom（蛇毒啤酒）就是啤酒中「最烈霸主」（如圖 4-4 所示）。它是蘇格蘭啤酒商 Brewmeister 於 2013 年推出的一款酒精度數最高的蛇毒啤酒，其烈性堪稱世界之最。其特色在於使用了煙燻泥炭麥芽，以及香檳酵母和麥芽酵母的奇特組合，並使用冰餾的釀造方法製作的，強勁度不低於伏特加、威士忌等烈酒。

圖 4-4 蛇毒啤酒 [045]

再說到泡麵，這個家喻戶曉的食品。若問它最大可以有多少分量，你是否會表現得一臉茫然？通常，我們手中的小包泡麵不過 100 克左右，勉強可以填飽一個人的胃。但你聽說過日本那款「超大盛泡麵」嗎（如圖 4-5 所示）？

---

[045] 照片。

第四章 錯維創意：不可能即是可能

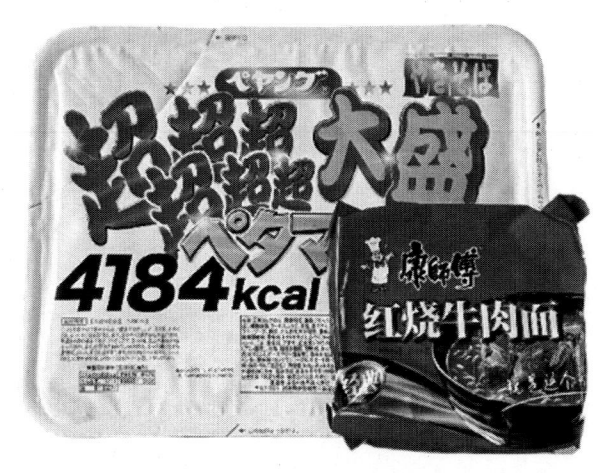

圖 4-5 超大盛泡麵 [046]

這款極品泡麵竟然達到驚人的 878 克，足足是普通版本的 8 倍有餘，簡直就是狂歡派對上的絕佳招待！此款重量級泡麵，雖然味道和普通版沒什麼兩樣，但正因為它「身材」超大，引發了一股網路熱潮。一時間，無數「大胃王」紛紛接受挑戰，爭相在短影片平臺上秀出自己征服這款巨型泡麵的最佳戰績。毫無疑問，這款「超大盛泡麵」因超乎常見的分量，成為諸多好友聚會、旅行中的共享美食，也點燃了無數勇敢的胃的挑戰欲望。

極客也是一種超維

極客文化也是「極致超維」的一種表現。「極客」一詞源自美國的俚語「Geek」，其用來形容那些在特定領域或技術方面表現出色的人，或是產業的「發燒友」。這些人通常非常熱衷於他們所擅長的技術或領域，並追求卓越和創新。他們通常會對技術或領域中的細節和技術挑戰感到著迷，並

---

[046] 照片。

4.3 錯維創意的方法

願意花費大量的時間和精力去探索和理解。

將任何事物說到極致，都可以視作極客，日本的工匠精神也不例外。

在日本料理界，一直流傳著「三大料理之神」的故事，他們分別是：

「壽司之神」小野二郎至今98歲，從業70餘年。

「天婦羅之神」早乙女哲哉至今77歲，從業60餘年。

「鰻魚之神」金木兼次郎至今95歲，從業80餘年。

他們每個人都是從普通的廚師起家，所謂的「神」，跟其他人的差異無非是他們能夠在平凡而又重複的職位上，堅持了整整一生，在常年的工作中不斷精進自己。也可以將其理解為一種精神的傳遞與傳承。當我們能夠將一件簡單的事情做到極致，其實就已經脫離了事物傳統的意義，它所帶給客人的更像是一種工匠精神的體驗（如圖4-6所示）。

人們常說「相信時間的力量」，不妨說是我們相信生命中每一個瞬間都孕育著無限的可能。生命每多「燃燒」一年，我們對於事物的感悟就會更深一層，在時間中洗禮，在時光中沉澱，相信時間的力量。

林則徐曾說：海到無邊天作岸，山登絕頂我為峰。對於人生也好，對於商業也罷，最終的方向就是不斷地突變與超越自我的過程。組成產品的維度有很多，我們沒有必要仿效別人的做法。善於與競爭對手錯開維度，尋找到自己能做到極致的發力點顯得更為重要。

那麼現在的你，思考好了嗎？從現在開始，用極致錯維的方式挖掘你潛在的優勢，找到你的顛覆性的特性，竭盡全力將你的品牌打造成產業之「最」。

第四章　錯維創意：不可能即是可能

圖 4-6　日本「三大料理之神」餐廳 [047]

---

[047]　照片。

兩極錯維：黑白顛倒，反轉中的反轉

兩極錯維，顧名思義，就是將某個維度的兩極特質進行互換，所得到的事物的全新表現形式。如果將兩極的特質相互顛倒也會產生意想不到的效果。

在品牌創新和市場行銷中，兩極思維與反轉策略的運用能讓你的產品和品牌脫穎而出。每個維度都會有對應的兩極，貴－賤、男－女、老－少、雅－俗等。每個事物又會有內在的內涵與外在形象之分，你會發現處於極點的事物的任何一個要素（內涵或形象）與另一個極點的事物發生交換時，「新事物」就誕生了。

2018 年，在短影片平臺中一個蓬頭垢面的拾荒者映入人們的眼簾，與其形象完全相反的是，他性格謙遜，滿腹經綸，知識量十分豐富，能夠把各種國學知識娓娓道來。許多人表示這太不可思議，穿著破破爛爛的拾荒者，竟然能每天對人們講著古今中外的國學，大家便送給他「流浪大師」的綽號。

很奇怪的是，那麼多國學的大師中，為什麼最終卻是一個拾荒者紅起來了呢？原因就是他的形象完全跳出我們對於國學大師的認知，他的形象與另一個極點發生了錯維。這就是兩極錯維的一種表現，當一個極點的形象，裝著另一個極點的內涵，不可思議就產生了。

現在的奢侈品也開始走逆向思考的路線，從爛皮鞋到塑膠編織袋，再到救生衣的馬甲，無一不是用最極端的東西和它的品牌做了一個錯維。化工袋、編織袋、米袋本是廢棄生活用品，而 LV（Louis Vuitton）的設計師卻頗為出奇地利用藍、紅、白三種條紋設計了一款價值 10 萬多元的塑膠編織袋。工藝精湛、耐用，拎著它，你走在大街上，想要沒有回頭率都很難。

第四章　錯維創意：不可能即是可能

　　這樣一款「傳奇」的塑膠編織袋是如何賣到如此高價的？或許正是因為它的兩極錯維創意吧。

　　紅白藍帆布流行於 1990 年代，它原是香港居民住所外牆或木屋的防護工具，發揮遮風擋雨的作用，後來被製作成塑膠編織袋大受歡迎。

　　此外，為什麼童話般的愛情發生在了王子與灰姑娘之間？這是一個值得思考的事情，並不是王子與公主的愛情沒發生，而是王子與灰姑娘的兩極錯維更能夠打動觀眾的心弦，讓人記憶猶新。

　　品牌在融入錯維的創意和概念時，關鍵是掌握市場趨勢和消費者需求，敏銳地捕捉到潮流變化，從中挖掘潛在的商機。透過不按常理出牌與兩極錯維，可以讓初創品牌在激烈的市場競爭中出奇制勝，創造出獨特的品牌價值，實現市場的快速升溫。

空間（場景）錯維：為使用者打造沉浸式體驗

　　在品牌的概念中，場景，特指品牌與使用者進行交易的場面或情景，空間與場景的錯維，就是事物原本所在的空間（場景），與其他事物的空間（場景）發生交換。讓故事在本不該發生的地點發生。

　　在時尚殿堂中，奢侈品牌最擅長運用錯維創意挑戰人們的想像力，尤其是在空間與場景的運用上，強烈的反差感成為吸引目光的法寶。香奈兒（CHANEL）等頂級品牌不僅擁有卓越的設計實力，還在場景營造方面展現出無與倫比的創新。從箭發射中心，到原始森林融入時裝秀，每場秀都是奇妙的藝術畫卷。

　　追溯到 2019 年的春夏高級成衣系列時裝秀，香奈兒巧妙地在巴黎大皇宮內部打造出一片夢幻般的沙灘場景。海浪輕撫沙灘，彷彿置身於遙遠

的度假勝地。在場來賓們沉浸在這場視覺盛宴中，為香奈兒創造出的逼真度讚嘆不已。這種別樣的空間錯維和反差，讓觀眾們猶如置身於夢境，讓人嘆為觀止。

同樣，Dior也在時裝秀上展示了其獨特的空間錯維之美。在巴黎隆尚賽馬場，Dior將花瓣飄灑、浪漫至極的舞臺呈現給觀眾，現代舞蹈演員們在這個童話般的空間中盡情舞動。這種視覺與藝術的碰撞，展示了品牌對於空間錯維的精湛運用。

觀眾們陶醉於這種極具想像力的場景，感嘆品牌所帶來的視覺衝擊與藝術表現。這種對於空間交錯的掌控，更是奢侈品牌在時尚舞臺上保持其獨特魅力與引領潮流的關鍵因素。

你可能會說，它們都是大品牌，它們有足夠的底氣和本錢去實現「造夢空間」。其實不然，接下來這些初創品牌也很好地利用了空間與場景的錯維創意，並且迅速爆紅網路。

在充滿繁華的城市中，時尚與潮流的品牌形象店隨處可見，但要論哪家門市最為搶眼，那非「破店」莫屬！這家「破店」看似破舊不堪，卻擁有獨特的魅力，彷彿在用沙啞的嗓音低吟：「你看啥，你敢來嗎？」滿屋子懸掛的「破」字，灰色水泥牆面以及復古的搪瓷大盆，網友們紛紛封其為「道地敘利亞復古風」。

更有趣的是，這家「破店」裡還有駐場表演。表演者不滿足於待在固定的舞臺上，他們拿著吉他和麥克風在餐廳內巡遊，將歡樂帶給每一個角落。他們在陌生的桌與桌之間串場，不時帶動互動氛圍，並讓食客點歌較量，讓整個餐廳變成了一個大型的「歡樂頌」。這樣的餐廳讓店內歡聲笑語不斷，乾杯聲、玩笑聲、歌聲此起彼伏，簡直讓人恍如置身一場時尚與破舊的盛宴。

第四章　錯維創意：不可能即是可能

「破店」的形象雖破，卻成了都市人們心中的一片淨土，讓他們在忙碌的生活中尋找片刻寧靜。最破的店，開在最繁華的地段，恰恰提醒了都市人們放下負擔，找回自我，擁抱生活中那些簡單而美好的時刻。

此外，如果有人告訴你，要在城市邊緣的廢棄礦山開一家「咖啡」，你會不會覺得有趣又離譜？然而，一個巧妙的空間錯維誕生了 —— 時髦的咖啡店在「土氣」的廢棄礦山竟然如魚得水！

2022年，一處名為「小冰島」的廢棄礦坑意外走紅。它之所以受到關注，要歸功於一群具有遠見的「8年級」年輕人在這裡開了一家咖啡店，並為它取名為「深藍計畫」（如圖4-7所示）。這個地方的湖水如藍寶石般神祕誘人，再加上一家別致的咖啡店，成功吸引了年輕人的注意，讓他們紛紛慕名前來打卡。

站在土堆之上，一句輕聲道出的「你美式吧？」透露出這家咖啡店的小資情調。荒蕪的礦山與別致的咖啡店形成了一種獨特的對比，將城市的現代氣息與礦坑的原始風貌融為一體，為遊客們打造了一幅難以忘懷的美景。

身處這座懸浮在礦坑上的咖啡館，年輕人在品嘗美味咖啡的同時，還能欣賞到礦坑形成的寧靜湖泊，彷彿置身冰島的童話世界。這種獨特的環境布局讓人們沉浸在與繁華都市截然不同的閒適氛圍中，這正是這家咖啡館最獨特的魅力所在。

由此可見，品牌的空間（場景）已變得越發重要，甚至將是下一個商業時代的競技場。在現場的即時消費中，品牌打造體驗感場景的方式，一般是在品牌購物中心的線下空間裡，用一種新的場景模式來宣傳和展示品牌。這種方法更能喚醒使用者內心的購物需求，優勢不容小覷。

4.3 錯維創意的方法

圖 4-7 「深藍計畫」咖啡館

第四章　錯維創意：不可能即是可能

　　空間場景的錯維創意為的不僅僅是爆單和轉化，而是讓消費者對品牌和產品建構一個新的認知，也為未來品牌的營運模式提供了一個方向——新的消費場景將基於新的認知拓展下誕生，品牌的銷售曲線也將與日俱增。而品牌的空間與場景也將擁有更大的創意空間，展現出更大的價值。

　　空間與場景的錯維有著「先天」的優勢，不同時空的場景環境下，使用者對品牌和產品的認知和感受也有所不同。空間與場景的好壞，直接影響使用者對品牌的信任度和體驗感。想要真正滿足使用者內心的需求，企業要做的就是以消費者為中心，打造精準的場景定位、場景設計以及場景行銷體系。

時間錯維：讓創意坐上時光機

　　不知道從什麼時候開始，穿越劇一下子成為古裝劇情中的主流。一個普通的現代人穿越到古代，用現在的科技、認知與另一個時代來了一場錯維的故事，從此走上了人生巔峰。

　　時間錯維正是利用了時光穿梭的概念。所謂時間錯維，就是品牌打破時間的束縛，透過時間的跨越，與不同時間的場景或事物重新組合。如同坐上一臺時光機，你可以穿越到任何你想去的時空。那麼，如果你的品牌也有一臺時光機，你將希望帶上它穿越到哪裡呢？

　　當年輕人遙想千年前的畫作，〈清明上河圖〉歷久彌新，逐漸走入了我們的視野。華裔潮流藝術家 DIGIWAY[048]（如圖 4-8 所示），大膽地挑戰了時光的界限，用潮流元素點燃古老的畫卷。他打破傳統，把李小龍、麥可‧傑克森、陳奕迅等巨星和哆啦 A 夢等流行角色融入宋代市井的繁華景象。想

---

[048]　圖片來源 Instagram（digiway 帳號）。

像一下，古人披上潮流服飾，腳踩潮鞋，與現代人物共譜和諧畫卷，這種超越時空的碰撞，讓人眼前一亮！

圖 4-8　潮流藝術家 DIGIWAY 作品〈潮代〉[049]

　　DIGIWAY 的大膽創意並未止步於此。他們深挖中國文化的另一面，將殭屍等恐怖元素巧妙地滲透進畫作，形成了一種與眾不同的趣味。如此前衛的創意呈現，讓〈清明上河圖〉煥發出別樣的魅力。DIGIWAY 的作品無疑在年輕人心中樹立了潮流與經典融合的新標竿。這種顛覆傳統、挑戰時空的嘗試，讓我們相信：潮流的無限可能，已經超越了時代和維度的界限。

　　除了藝術之外，如何能讓一個平凡的路邊攤華麗蛻變成著名的網紅地呢？「超級文和友」同樣也是時間錯維致勝的成功典型。這個位於繁華街區的餐廳，「超級文和友」巧妙地再現了 80 年代老社區的餐飲氛圍。穿梭在陳舊的街道、民宅、劇場、澡堂、雜貨店和婚姻介紹所等多層立體場景中，人們彷彿回到了那個充滿懷舊情懷的年代，吸引了眾多遊客前來體驗品嘗。

　　在「超級文和友」的每個角落裡，你都可以找到生活化的場景。雜貨

---

[049]　官網：www.digiwaygallery.com/product-page/the-ch%C3%A1o-dynasty-poster

第四章 錯維創意：不可能即是可能

店裡琳瑯滿目的零食，喚起回憶中童年的美好時光。劇場裡那些老電影、老歌曲，喚起曾經那熱情燃燒的青春歲月。澡堂中經典的霓虹燈、指示牌，不禁讓人們懷念起當年鄰里之間的真誠來往。這些尋常的生活場景，讓每個光顧的人都能找到自己的記憶片段。

「時間錯維」所帶來的共感體驗，喚起了人們的青春回憶。同時，透過這種生動、立體的展示形式，讓新一代感受到老一輩人生活的變遷，進而建立起情感共鳴。短短 1 年「超級文和友」便迅速崛起為網紅打卡地，使成千上萬名粉絲排隊等候（如圖 4-9 所示）。

圖 4-9 「超級文和友」餐廳

此外，當古老的東方傳統文化，與現代的彩妝進行碰撞，又會產生怎樣不同的效果呢？以「東方彩妝，以花養妝」為理念的某品牌化妝品給了我們很好的詮釋，出道就一路突圍成為美妝的業界翹楚。從 2017 年到 2021

年，該品牌銷量直線飆升，4 年時間年銷售額已經突破 30 億元。美妝產品本來是現代的產物，而該品牌則另闢蹊徑，將古典的「東方美」作為產品的定位，從包裝設計到廣告宣傳，把東方風格和彩妝完美地融合，吸引了無數消費者熱烈追捧。

當品牌坐上時光機，穿梭於古今中外，你會發現，品牌的表現形式也不再局限於現代的元素，開始變得多采多姿起來。時間錯維就是以「時間」概念為核心的一種創新，這種「新」既要有品牌文化傳導的影響力，還要有產品價值展現的「話題性」。品牌的「新」要做到走進消費者的內心，需要獲得消費者的喜歡，品牌才能保持長久的良性驅動。

物種錯維：新物種的誕生

2023 年，潮流圈的最炙手可熱之物莫過於掀起全球風暴的「大紅靴」。美國紐約布魯克林的創新工作室 MSCHF（如圖 4-10 所示），在不斷推陳出新的過程中，以原子小金剛為靈感，締造了這款令人驚豔的時尚大紅靴。為了讓大紅靴成為潮流的新寵，他們更邀請了時尚界女神莎拉·斯奈德（Sarah Snyder）[050] 親自試穿演繹，瞬間在歐美時尚圈掀起了瘋狂熱潮。

這股「大紅靴」狂潮如同猛烈風暴，迅速席捲市場。各大社群平臺紛紛洗版，「大紅靴」的話題熱度遠超想像。網友們對「大紅靴」的解讀千差萬別：有人秀出自己的大紅靴收藏，有人分享大紅靴設計團隊背後的奇妙故事，甚至有人因穿上大紅靴難以脫下而露出無奈的表情。儘管如此，瘋狂的熱情仍在持續升溫，推動大紅靴成為全球潮流的頂級象徵。而這也使得 MSCHF 贏得了「創意之神」的美譽。

---

[050] 莎拉·斯奈德，超模、影視演員，主要作品有《萬能鑰匙 2：野獸的 667 號鄰居》（*The Beast's Neighbor at 667*）等。

第四章　錯維創意：不可能即是可能

圖 4-10　MSCHF 大紅靴 [051]

　　物種錯維其實並不難理解，就是不同物種之間重新組合，從而創造出全新物種的過程。產品可以重組得到新產品，那麼其他業態是否也可以運用物種錯維呢？答案是肯定的。

　　酒吧是現代年輕人經常光顧的夜間娛樂城，各種主題的酒吧相信大家都聽過，但如果將「監獄」與「酒吧」融合在一起，你是否會開始「哇噢」起來呢？

　　「Alcotraz」是一家位於英國倫敦的獨特監獄主題酒吧（如圖 4-11 所示），它的名字源於 Alcohol（酒精）和美國舊金山的 Alcatraz（惡魔島）兩個詞彙的結合，一語雙關，點明主題。這裡的每一個角落都散發著禁忌與神祕的氛圍。一旦跨過 Alcotraz 的大門，你將瞬間穿越時空，化身為一名身陷罪惡之城的囚犯，體驗到一場刺激的越獄之旅！

　　進入酒吧的重點，就是讓我們在這裡低調地「服刑」。忘記過去的世俗生活，穿上橙色囚服，邁入 Alcotraz 的世界。抬頭望去，高聳的鐵窗、嚴密的監控，彷彿在提醒你：警惕！這裡是禁區，想要品嘗那些美酒佳餚，可得小心謹慎。

---

[051]　MSCHF 官網截圖。

4.3 錯維創意的方法

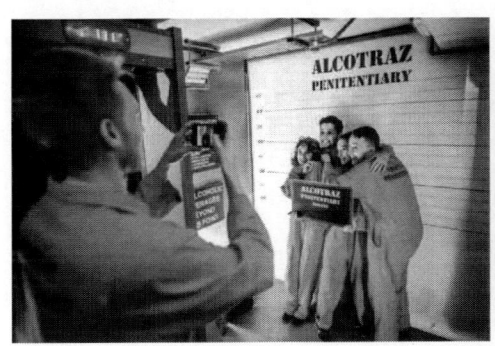

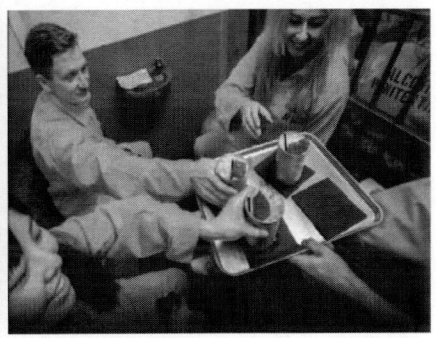

圖 4-11　英國 Alcotraz 酒吧（1）[052]

在這個「Alcotraz」裡，雞鳴狗盜、詭計多端的「囚犯」和狡猾的「獄警」，成為你品味美酒的最佳拍檔。他們爭鬥不休、勾心鬥角，卻又狼狽為奸，共同分享著這裡的私釀美酒。不過，想要品嘗那些來自地下黑市的美酒，你得巧妙地行走於「獄警」與「囚犯」之間。誠然，這是一場考驗智慧與膽識的較量，只有那些足夠機智的「囚犯」，才能在這裡大快朵頤（如圖 4-12 所示）。

圖 4-12　英國 Alcotraz 酒吧（2）[053]

在這裡，你不僅可以品嘗到獨具匠心的雞尾酒，還可以欣賞到扣人心弦的表演，沉浸在懸疑、刺激的越獄氛圍之中。而當你走出 Alcotraz，重

---

[052]　官網：www.alcotraz.co.uk
[053]　官網：www.alcotraz.co.uk

新踏入現實世界,定會對這場充滿激情、勇敢與趣味的探險之旅回味無窮。Alcotraz,這是一個將美酒與刺激冒險完美融合的地方。在這裡,你將釋放出內心深處的叛逆與狂熱,體驗到一場驚心動魄的「越獄之旅」。敬請期待,「囚徒」們!

不難發現,當事物不再遵循傳統意義上的規則,好的創意也會隨即發生。

所以,當你思維不再受困於自身所處品類的普世標準,物種間的全新交錯說不定可以為你帶來新的機遇。那麼此時你是否已經開始想像,自己的產品可以和其他何種事物展開一次令人「哇噢」的錯維創意呢?

4.4 創意的困境

創意雖好,但也非常容易「過時」。仔細回想,你會發現之前很多足以引爆整個網路的熱門新聞,已悄然離我們遠去了。網路熱門話題的生命力僅有 1.5～2 個月的生命週期。其實這一切都離不開邊際效應的規律。

德國心理學家艾賓豪斯(Hermann Ebbinghaus)提出了邊際效應的概念。邊際效應是指在其他投入固定不變的情況下,連續增加某一種投入,所新增的產出或收益會逐漸減少的現象。這意味著,在某一點上,再增加這種投入不會帶來更多的效益,甚至可能會帶來負效益。

也就是說,在面對相同的刺激時,人們的反應強度會隨著刺激的重複而逐漸降低。以公司員工加薪為例,相較於月薪較高的員工,月薪較低的員工加薪更容易引發積極的反應。因此,一些公司管理者更傾向於向低收入員工加薪以激發其工作熱情,從而有益於公司業務的發展。然而,這種做法的實際效果可能並不穩定。首次加薪可能會激勵員工,提高工作積極

性；第二次加薪，員工的激動程度就會減弱；如此循環，員工對加薪的反應逐漸變得平淡。

如果每次加薪幅度逐漸增加，例如首次加薪 1,000 元，第二次 2,000 元，第三次 3,000 元，或者採用不同的獎勵機制，如員工培訓、職位晉升等，就有可能達到與首次加薪相似的激勵效果。因為激勵方法發生變化，從而導致員工的反應強度也隨之改變。

由此可見，相同事物對我們的刺激只會越來越低，如果我們希望維持相同的刺激感受，那麼必須要把獎勵翻倍，或者切換其他刺激。

所以，無論我們拿出多麼好的創意，一旦消費者反覆接觸相同的事物，興趣就會逐漸減弱直至消失。對於品牌而言，任何企業都千萬不要懷著「靠一招闖天下」的心態來對待當今的市場。如果你當真那麼做了，網路的高滲透性與模仿者的快速響應就會讓你的創意優勢在一段時間之後變得平淡如水。

「網紅」品牌或者「網紅店」總是被人們賦予短壽的標籤

網紅店總會為我們帶來一種曇花一現的感覺。2017 年某市已有 9 家門市的某網紅餐飲店，在一片質疑聲中悄然落幕，其原因卻源於餐飲最為重要的食品安全問題。雖然此前門市有著排隊 2 小時才能進餐、翻檯高達 12 次的傲人業績，但最終還是沒有逃過「短壽」的命運。

那麼，什麼才是使得品牌具備長期生存能力的關鍵要素呢？最終還是要回歸到你所能提供給消費者的價值中去。或是能夠將創意的形式進行持續的輸出。消費者對於品牌的感知，始於創意，陷於顏值，忠於品質，安於價值。價值對於品牌來說，更像是堅實的地基，而創意、顏值等就如同

第四章　錯維創意：不可能即是可能

地表之上的建築，大樓的高度取決於地基的堅固程度。

然而現實中，我們很容易就會將好的創意與出眾的顏值作為運作品牌的根本，因為這是一個目光即流量的時代。但是當熱情褪去之後，消費者與品牌需要「價值的交換」來達成長期的依存關係。足見，能夠長期不間斷地向消費者輸送價值，才是品牌生存的本質。不過，創意就注定只有短暫的保鮮期了嗎？

如何才能讓好創意持續？

2020 年 12 月 3 日，一個袖珍洞口的咖啡店引發轟動，毛茸茸的熊爪遞出一杯杯美味咖啡，驚豔了整個城市。熊爪咖啡店以極簡設計和神祕氛圍引人注目，顧客掃碼下單後即可體驗與熊爪互動的治癒時光。這種新穎的方式不僅刷新了顧客的咖啡體驗，更讓熊爪咖啡店在短時間內成為網紅打卡地。

然而，讓人心動的不僅僅是熊爪咖啡的獨特設計，背後的故事才是真正讓這家店受到廣泛關注的原因。每一杯熊爪咖啡都是由聾啞咖啡師製作並遞出，他們精心為每位顧客畫出完美的咖啡拉花，並附上一枝玫瑰以表關愛。熊爪咖啡的創始人之一表示，他們希望透過這種方式讓聾啞咖啡師在自己的空間裡自由發揮專業技能。

熊爪咖啡以公益理念傳遞溫暖，為殘障人士提供就業機會，這種深入人心的公益行銷方式得到了廣泛認可。顧客們紛紛在社交平臺上分享熊爪咖啡的特色，使其成為瞬間爆紅的網紅店。在了解到品牌背後的暖心故事後，消費者們更加願意購買熊爪咖啡，為殘障人士提供幫助。熊爪咖啡憑藉創意、公益與溫暖的力量，成功吸引了大批顧客，成為一家充滿愛心的成功品牌（如圖 4-13 所示）。

4.4 創意的困境

圖 4-13　熊爪咖啡 [054]

　　毫無疑問，熊爪咖啡的「錯維創意」在短時間內掀起了極大的熱潮，大受歡迎，人們爭相品嘗這一特色咖啡。而熊爪咖啡也乘勢展開了連鎖拓展之路。然而，令人唏噓的是，在新的門市中，熊爪咖啡放棄了曾令其一炮而紅的熊爪創意，轉而回歸傳統咖啡店的營運模式，這無疑讓熊爪咖啡再次陷入與其他競品的激烈角逐中。

　　熊爪咖啡的成功源於其獨特的樹洞中可愛熊爪的創意。但當熱度迅速降溫後，熊爪咖啡卻未能讓創意源源不斷。喝過幾次熊爪咖啡的消費者漸感厭倦，因為這種創意已經變成了一種刻板的印象，失去了新鮮感，導致熊爪咖啡陷入了「創意衰老」的困境。

　　其實，熊爪咖啡完全可以挖掘潛力，將創意進一步拓展，形成獨具特色的 IP 品牌。首先，從熊爪出發，探尋熊爪背後的故事，將品牌進行人格化升級，塑造一個獨特又可愛的小熊形象，彰顯聾啞人積極面對生活的

---

[054]　照片。

勇氣。其次，突破樹洞中熊爪的固定形式，創造多變的熊爪形象，以滿足消費者好奇心。熊爪咖啡還可以攜手各大品牌舉辦慈善聯名活動，讓熊爪形象變得五彩斑斕，富有趣味性。最後，熊爪咖啡應當突破創意的瓶頸，讓熊爪成為無窮盡的創意之源。樹洞中的熊爪可以有各種驚豔的形式，如鋼鐵熊爪、植物編製熊爪、外星熊爪等。這種富有創意的形式有助於產生更多行銷話題。

很多時候，當我們選擇用創意的方式表現時，就不要去奢求你的創意可以一勞永逸。因為創意的刺激性會隨著時間遞減。所以我們需要將一次性的創意，升級為一種永續性的創意方式。在上一個創意熱度即將消失時，下一個新的創意就要及時就位。可能你會覺得這樣的方式非常辛苦，不過沒辦法，創意或許也是一種「體力工作」吧。

4.5 如何訓練自己的錯維創意：人人都是大創意家

打破線性的思考方式，重新以非線性的方式呈現

實際上，未來所有可用於創意的素材都已經潛藏在我們周圍，只是我們往往缺少發現創意的慧眼和將創意素材碎片拼接在一起的思維。有人把創意神祕化，實際上，創意更像是一種組合形式，一種演算法。當演算法發生改變時，事物便有可能演變成全新的形態。

或許「不可能」這個概念本不存在；或許「不可能」本身就是另一種可能，在等待著我們去挖掘和實現。在探索創意的過程中，我們要做的就是轉換思考方式，打破桎梏，讓「不可能」的可能性變得觸手可及。正如哲學

4.5 如何訓練自己的錯維創意：人人都是大創意家

家們所言，當我們從不同的角度去審視事物，往往能發現意想不到的真相。

因此，創意的本質在於透過表象看本質，勇敢地嘗試新的組合和演算法，用創新的思考去打破常規和束縛。我們需要培養敏銳的洞察力和大膽的探索精神，從多維角度不斷探索，這將幫助我們在創意之海中乘風破浪，探尋到一個又一個驚豔的可能。

那麼如何開啟自己的創意能力？所有的事物，我們都可以把它拆分為 N 個維度來看，例如：極致、時間、地點、形態、特質等。將每一個維度進行解構，用錯維創意的方式加以思考，新的創意就會應運而生。

這裡我們用最為常見的「咖啡」來做一個錯維創意的思考，探尋那些咖啡中的「不可能」（如圖 4-14 所示）。

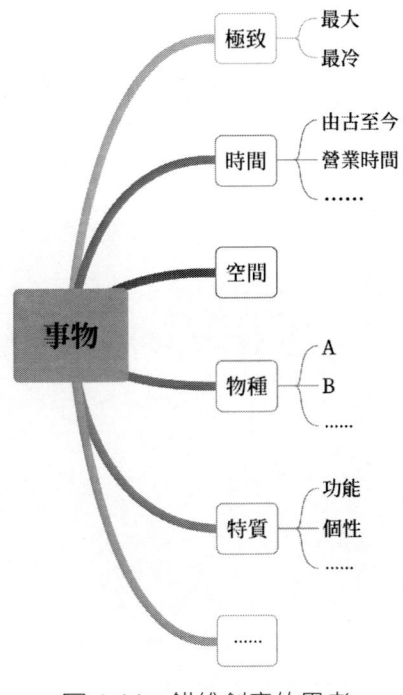

圖 4-14　錯維創意的思考

第四章 錯維創意：不可能即是可能

1. 極致超維

咖啡都會有哪些值得發掘呢？

咖啡最大杯應該是多大？

最濃咖啡應該是多濃？

酒精度最高的咖啡是多少度？

最冰的咖啡溫度應該是多少呢？

……

2. 時間維度

咖啡在西元 6 世紀被發現，而在 11 世紀人們才開始把咖啡煮來喝，那麼在這遠古時代如果有了咖啡的存在會是何種景象，你說猛獁象會不會也愛喝咖啡？那些生活在石器時代的原始人是否在狩獵之前都會來杯咖啡提神呢？（如圖 4-15 所示）。

圖 4-15　遠古時代咖啡 [055]

---

[055]　AI 生成圖。

4.5 如何訓練自己的錯維創意：人人都是大創意家

未來的咖啡店會是什麼樣子呢？如果移民到火星，那時候咖啡館應該會是什麼樣的裝飾風格？我們是否可以暢想在星際旅行的太空船裡，喝一杯屬於那個時代的特調咖啡？

3. 空間維度

常見的咖啡店都開在繁華的鬧市，城市的中央商務區，那麼在麥田中是否也可以喝一杯咖啡？

咖啡一定要在咖啡館裡喝嗎？為什麼不可以約上好朋友去理髮店、澡堂喝咖啡呢？

4. 物種錯維

咖啡一定是要用來喝的嗎？是否可以嘗試用咖啡做成藝術品，是否可以用咖啡來做香薰？咖啡的作用是什麼？提神！那有沒有可能做一種不提神的，而是喝完以後，讓消費者可以睡得更香甜的咖啡？

你需要讀懂的 3% 理論

3% 理念，源於已逝的 Off-White[056] 創始人、LV 前男裝創意總監維吉爾・阿布洛（Virgil Abloh）的設計思路。2017 年，他在哈佛大學設計學院的演講中，講到與 Nike 的合作時說道：「I was only interested in restraining myself, and only editing it 3 percent.」我們可以理解為：只需改經典設計的 3%，就可以得到一個嶄新設計。雖然這一理論一直備受爭議，但不可否認這也是一種很好的借勢方法。或許我們的高度，並不是單純取決於自身

---

[056] Off-White，是 2013 年設計師 Virgil Abloh 創立的街頭潮牌品牌，品牌下分別有 Logo 棉質針織連帽衫、Logo 棉質運動衫、Marker Arrows 棉質針織帽衫等商品。

第四章　錯維創意：不可能即是可能

的條件，而是取決於「你站在誰的肩膀之上」。

對於那些大品牌而言，他們並不缺乏經典的設計，在自身的經典設計之上，融入當下最為流行的「3％」，就可以誕生全新的經典。那麼對於我們大眾創業者而言。又將如何好好運用這3％理論呢？這同樣是值得思考的問題。

在2022年，一則令人矚目的新聞成為熱門焦點：波普藝術奠基人安迪・沃荷[057]的一幅代表性作品〈瑪麗蓮・夢露雙聯畫〉(Marilyn Diptych)在紐約佳士得拍賣會上以驚人的1.95億美元成交，刷新了20世紀藝術品拍賣的紀錄（如圖4-16所示）。在全球拍賣歷史上，這一成交價排名第二，僅次於達文西(Leonardo da Vinci)的〈救世主〉(Salvator Mundi)，其成交價高達4.5億美元。

圖 4-16　安迪・沃荷，瑪麗蓮・夢露雙聯畫[058]

---

[057]　安迪・沃荷（Andy Warhol，1928年8月6日－1987年2月22日），被譽為20世紀藝術界最有名的人物之一，是普普藝術的倡導者和領袖。
[058]　照片，安迪・沃荷展覽。

4.5 如何訓練自己的錯維創意：人人都是大創意家

　　紅遍全球的瑪麗蓮・夢露（Marilyn Monroe）的經典形象，加之普普藝術的先驅，安迪・沃荷的獨特色彩搭配與絲網版畫工藝的「3%」，成就了又一舉世經典。在觀看過安迪・沃荷的展覽之後，你不難發現，在安迪人生最後的階段，他更加擅於用大眾共有認知中的事物，作為自己的創意主角。經典的可口可樂曲線瓶、康寶湯罐頭、美金符號（如圖 4-17 所示），以及名人的形象等都是他的素材。再加以自身對於色彩與組合的理解，便會得到嶄新的作品。在他看來，藝術本身就源於大眾，最終也要回歸於大眾。

圖 4-17　安迪・沃荷，康寶湯罐頭版畫 [059]

　　人們常會說「一千個人的眼中就有一千個哈姆雷特」，由於閱歷不同，喜好不同，審美不同，因此每個人對於故事都會有不同的理解。創意與藝術的主體，或許並不是藝術品本身，而是每一個正在欣賞它的個人。因此我們每個人都具備了屬於自己的「3%」，當它能夠跟大眾事物進行融

---

[059]　照片，安迪・沃荷展覽。

第四章　錯維創意：不可能即是可能

合的時候，得到的創意也會各不相同。

對於品牌而言，可以用兩種路徑來應用3%理論：

（1）當我們的品牌已經有特定且獨特的輸出風格時，我們要懂得發現大眾熱愛的事物，並將自身獨特風格的「3%」加以融合。

（2）當我們的品牌還沒有特定風格時，我們可以將自身的產品，疊加最為流行或最熱門的事物的「3%」，進行全新表達。

現在我們不妨用3%理論來個命題創意，如何站在城市的角度創意一杯城市限定奶茶，你是否已經有了自己的答案。鴨血冬粉奶茶、紹興酒奶茶、螺螄粉奶茶、蘿蔔乾奶茶、花椒奶茶、魚腥草奶茶、大蔥奶茶等，這些奶茶雖然在口味上未必好喝，但從創意的角度來看，它是不是已經浮現在你的腦海，並且讓你開始「蠢蠢欲動」了呢？

第五章

趨勢與勢能：感知無形之「水」

　　《孫子兵法・虛實篇》的第六章言道：「夫兵形象水，水之形，避高而趨下，兵之形，避實而擊虛；水因地而制流，兵因敵而制勝。故兵無常勢，水無常形。能因敵變化而取勝者，謂之神。」

　　用兵之道猶如水之靈動，水捨棄高處，流向谷底，而兵法之道同樣要遠離敵人的陣容嚴密之地，聚焦敵軍的弱點。水隨地勢起伏改變流向，用兵亦根據敵情決定勝算。因此，在戰場上，策略如水般無常，恰如水流永不止息；那些能根據敵情變化而致勝的人，正是達到用兵之妙道的頂峰。這句話充分地詮釋了對勢能的理解，我們也可以將其稱為「無形的水」。

第五章　趨勢與勢能：感知無形之「水」

5.1 勢的拆解——「勢能」與「趨勢」

對「勢能」的解讀

勢能的概念來源於物理學，描述的是一個物體由於其位置或狀態而具有的儲存能量。例如，一塊石頭在山頂上，由於其高度位置，它具有由重力造成的勢能。如果石頭從山頂滾下，這種勢能會轉化為動能。

而在商業中，我們可以把勢能理解為品牌或公司在某一維度具有的無形「能量」，這種看不見的能量，時時刻刻都在影響著商業的變化。勢能是一個非常抽象的概念，我們可以將「勢能」概念進一步細分為「整體勢能」與「細節勢能」。整體勢能，是指外部趨勢和環境所形成的發展動向。而細節勢能，則是指在特定環境下，事物之間相對「能量」的高低關係。為了在競爭中獲得優勢，創業者應充分了解並利用這兩種勢能。

整體勢能可理解為社會演進中產生的外部趨勢，它反映了不同品類或場景的需求變化。簡單地理解，就是整體趨勢決定了市場中所有事物的供需關係，也決定了產業的「天花板」（市場空間）。順應整體勢能，意味著掌握商業中事物未來發展的「天花板」。在商業競爭中，具有整體勢能的品類或場景更容易吸引投資和資源，為企業帶來更大的發展空間。

細節勢能是在特定環境中的競爭優勢，是一個相對的概念。品牌或企業應關注事物之間勢能強弱，並在競爭過程中充分利用這種差距。一個企業在某一市場領域的細節勢能越高，它與競爭對手之間的競爭優勢就越大，贏得市場的機率也就越高。對創業者而言，平衡整體勢能和細節勢能同樣重要。在整體層面上，創業者需掌握社會發展趨勢，審時度勢地尋找潛在商機。在細節層面上，創業者應關注自身與競爭對手的差距，透過錯

維競爭和持續創新來累積競爭優勢。

正如電視劇《楚漢驕雄》中張良所說：「是非只在時勢。」簡單一句，卻道出了「時勢」的玄機，一場戰爭中不僅要靠「力拔山兮氣蓋世」的勇氣，更是不可缺乏審時度勢的智慧。只有不斷藉助整體勢能，累積細節勢能，才能最終獲得成功。總之，創業者在品牌打造過程中，需關注並運用整體勢能和細節勢能。在掌握大勢的同時，還要關注細節，善於發現和利用與競爭對手間的差異。這樣的勢能平衡，將為企業創造更多發展機會！

5.2 趨勢：時代總會留給後人機會

趨勢代表著新時代的萌芽，也象徵著某個時代的終結。我們可以把趨勢理解為一種時代發展所創造的全新的供需關係。趨勢每時每刻都在發生，卻難以預見，它所擁有的力量是無窮大的，無論公司是大是小，面對趨勢時都顯得微不足道。

某品牌果汁曾經是很多「7年級生」、「8年級生」的童年記憶，也一度是年夜飯餐桌上的必備飲品。但在2022年，這個曾經的「國民飲料」卻宣布破產重組。很多人將該品牌的沉寂，歸因於其被收購的失敗，殊不知，其倒下的真正原因，是它沒有跟上時代的趨勢。年輕人不再青睞高糖分的濃縮果汁，取而代之的是果味汽水，NFC果汁、鮮榨果汁等。這恰是印證了那句話──時代拋棄你的時候，連一個招呼都不會打。

古話有云「時勢造英雄」，說得一點也不假。其實英雄與品牌都是時代的產物，趨勢正好路過，而你正好遇見。人們也常說整體的經濟走向對於我們普通人的財富累積發揮了最重要的作用。其實無論是個人還是企業

第五章　趨勢與勢能：感知無形之「水」

資源與財富的累積，都需要我們正視時代趨勢的走向。趨勢就像時代的洪流，你無法與它的力量抗爭。所以當趨勢來的時候，懂得跟緊趨勢的腳步，藉助外部的「趨勢」，為自己獲得更多收益。同樣，緊跟趨勢的品牌會比那些沒有跟上趨勢的品牌更具勢能。

那麼現在的商業之中又有哪些正在形成的趨勢呢？

年輕化趨勢，所有商業都值得重新做一遍

美國作家傑克・凱魯亞克（Jack Kerouac）的小說《在路上》（*On the Road*）有這樣一句話：「永遠年輕，永遠熱淚盈眶。」有時你也會感嘆，時代總是屬於年輕的一代，永遠的 25 歲，永遠的風華正茂。

同樣，在本書開篇就講到過，隨著新生代消費者的出現，品牌年輕化同樣勢不可擋。在欣賞新鮮事物的同時，最重要的是找到趨勢的方向，懂得判斷趨勢的變化，並努力跟上趨勢發展的腳步。消費趨勢就是要走在風潮的前端，而不是等到市場已經發展後再去追逐。產品只有基於長週期的預判，才能成為創新的目標。衝浪的時候，唯有站上潮流的時候才能真正體驗海浪的強大力量。

其實，對於產品的趨勢，指的就是品類趨勢的判斷。原有品類的升級也好，新品類的創新也罷，都存在一定的冒險性。品類趨勢的正確與否決定了產品成長能否持久。因此，品牌既要挖掘他人看不到的新趨勢，又要改變使用者對產品的認知，從而獲得使用者對品類的認可。簡而言之，就是讓品牌重新「酷」起來，也就是需要將產品放到新時代的消費場景裡對產品進行重新定義和技術方向的調整。

隨著 2022 年虎年春節的腳步漸近，無數品牌紛紛順應生肖潮流，進

5.2 趨勢：時代總會留給後人機會

行了一次別具一格的品牌升級。其中，「路易威登之家」的「引虎入室」更是讓眾多消費者驚豔不已。這條矯健的巨型老虎尾巴，巧妙地展現了路易威登之家為迎接虎年特意設計的藝術精髓。放眼望去，恍若一隻壯觀的老虎揮動其巨尾在走廊間穿梭，讓過往的顧客驚嘆連連。它巧妙地融合了藝術與旅遊元素，為全新「路易威登之家」的開幕平添了一抹濃郁的藝術氣息，成為當地的新地標（如圖 5-1 所示）。

圖 5-1 「引虎入室」[060]

　　以全新的「創意」為主線，對建築與時尚的共同元素進行別出心裁的重新詮釋，為建築賦予了生動的靈魂。每一次，LV 都能突破建築與時尚之間的界限，以獨特的「屋裡屋外」藝術概念為大眾帶來全新的時代體驗。一邊出售商品，一邊展示「藝術」，處處流露出 LV 獨特的浪漫主義風情。當然，除了這個驚豔之作，還有許多其他領域的品類趨勢等待我們去深入挖掘，感知它們蘊含的無窮魅力。

---

[060]　LV 官方新浪微博圖。

第五章　趨勢與勢能：感知無形之「水」

單身經濟、懶人經濟等各類新經濟趨勢

或許「懶人改變世界」真是一個真理。近幾年，年輕族群越來越崇尚追逐自我個性化，在這類族群的不斷壯大之下，消費趨勢也逐漸突顯，進而催生了單身經濟、懶人經濟等新的經濟業態。

隨著生活壓力的加大，人們的思維觀念也發生了改變，從原有的「有家才算好」變成了「單身也挺好」。為了滿足單身人士的需求，很多企業紛紛將目光轉向了這一族群，市場上出現了單身經濟，比如獨食餐廳和日本一蘭拉麵（如圖 5-2 所示）。

圖 5-2　日本一蘭拉麵[061]

設想一下，在勞累的一天結束後，你來到一蘭拉麵，感受到店裡的溫馨氛圍。在私密的小隔間中，你不需要擔心別人的目光，可以大膽地盡情享用拉麵。隔壁傳來的麵條湯汁的激盪聲勾起你的食慾。麵條在筷子間旋轉，湯汁飛濺，麻辣與鮮香的味道在舌尖綻放。你全身心地沉浸在拉麵的

---

[061]　一蘭拉麵官網：http://www.ichiranusa.com/about

美味中,品味著每一滴湯汁和每一根麵條。

當你抬頭看向隔間的小窗,服務生微笑著遞上你點的調料,然後適時離去,讓你繼續享受自己的美食時光。在這個獨立的空間裡,你可以專注於感受拉麵帶來的溫暖和滋味,讓疲憊的心得到慰藉。這樣的消費場景正是一蘭拉麵為單身人士精心打造的獨特魅力。

RIO 雞尾酒將自己稱作「一個人的小酒」,一句「微醺,就是把自己還給自己」的口號,掀起了年輕人微醺的熱潮,成了代表性的單身獨飲酒。

而「懶人經濟」可以理解為「花錢買省事」,它的特點在於省時省力,為人們提供了一種享受「懶到底」的服務,也讓人們獲得了更多能夠自由支配的時間。所以懶人經濟的消費者並不一定就是「懶人」,還為那些忙碌得不可開交的職場人士提供了方便,滿足了我們「當懶則懶」的習慣和需求。

冷凍調理包就是「懶人經濟」的產物。現代大多數年輕人更熱衷於享受,不願下廚房,特別是當更多的女性把職場當成人生的主戰場,在家烹飪也就成了一種奢侈。在這種情況下,冷凍調理包一夜之間成為熱門商品,為人們在家做飯節約了時間,同時也讓人們吃上了健康、快捷、美味的食物,儘管冷凍調理包在現階段的市場還較小,但未來的趨勢卻不可限量。

IP 化趨勢:「得 IP 者得人心」

在市值兆元的企業名單中,迪士尼的 IP 帝國絕對是繞不開的話題(如圖 5-3 所示)。100 年過去了,這個老品牌依然是年輕的狀態,因為 IP 的人物從來不老,它們永遠都活在每一個觀眾的心中。你不可否認的是「其實每個人心裡都住著一個孩子」。

第五章　趨勢與勢能：感知無形之「水」

圖 5-3　迪士尼電影 [062]

在許多人看來，零售就是迪士尼整個商業結構的產業價值鏈，事實是，迪士尼的盈利還離不開電視和網路業務、迪士尼樂園度假村、衍生品及遊戲、電影娛樂等 IP 娛樂文化板塊，特別是電視和網路業務的營收額占比已高達 44%，IP 則對迪士尼整個文化產業鏈發揮了極大的推動作用。

一個曾被所有資本都不看好的泡泡瑪特（POP MART Molly）[063]，在港股上市之後迅速達成千億港元市值，2021 年營收同期相比成長 78.7%，而爆紅 IP 的 Molly 系列營收就達到 7.05 億元。後疫情時代還有如此良性的盈利性，是無數傳統企業望塵莫及的狀態。多年前人們無法相信，一個 PVC 材質的卡通形象竟會有如此超常的吸金能力，她甚至沒有什麼實用價值。但現在的年輕人可能會否認你的看法，因為 Molly 是他們最好的朋友之一（如圖 5-4 所示）。

---

[062]　www.disney.cn

[063]　POP MART（泡泡瑪特），是成立於 2010 年的潮流文化娛樂品牌。發展十餘年來，POP MART（泡泡瑪特）圍繞全球藝術家挖掘、IP 孵化營運、消費者觸達、潮玩文化推廣建構了涵蓋潮流玩具全產業鏈的綜合營運平臺。

5.2 趨勢：時代總會留給後人機會

圖 5-4　泡泡瑪特（POP MART Molly）[064]

　　而縱觀現在的潮流 IP 已經不同以往，它們背後往往不再依靠某些故事作為支撐，而是以帶動大眾消費情緒為動力，讓情緒價值釋放的強大動能為品牌帶來無限的商業價值。而在元宇宙的世界裡，不要奢望消費者還會對你品牌的圖形商標感興趣，他們需要的是親密關係的朋友，或可以並肩作戰的夥伴。

　　「得 IP 者得人心，得人心者得天下」，IP 已然成為品牌創造價值的重要出口，而不再單純地只是一句口號而已。可見，打造品牌自身的流量 IP 具有龐大的長期價值。

---

[064]　POP MART 上海旗艦店照片。

社交趨勢：讓每個人回歸主角，生動且有趣的社交環境

如果你想跟現在的年輕人聚會，提出去餐廳或去 KTV 的想法，可能會被他（她）們冠以「爺爺、奶奶」的稱呼。伴隨著 Z 世代的崛起，社交需求也發生了變化，他們的社交需求和興趣愛好更廣泛，更能突顯個性，於是就形成了不同的社交圈子，而新圈層的形成能夠催生許多新品牌和新品類的出現。如電競旅館、劇本殺、密室逃脫、滑雪等。

有句玩笑話叫做「萬物都能劇本殺」，劇本殺露營、劇本殺咖啡等，甚至有一天你在劇本殺的過程中，問問身邊的隊友，他可能會告訴你，我們是來參加公司的團建活動的，除了你之外，其他人都是同事。

某品牌旅宿專為服務「千禧一代」而打造，以使用者思維為導向不斷探索跨界模式下多元化的旅館場景和消費體驗，劇本殺就是其中之一。透過劇本殺的娛樂形式，讓幾個年輕人組局後感受沉浸式的遊戲社交體驗。此外，對於走在時尚尖端的年輕人來說，電競旅館是基於 Z 世代追求新奇、崇尚個性特點而打造的致力於電競生活體驗的新鮮消費場景。

主導性、體驗感、互動性是新消費族群的重要訴求。場景中的主角也悄然從品牌，變成了消費者本人。所以，如果你正打算做個新的品牌，一定要記得把主角光環還給消費者。

大健康趨勢：在「健康」概念上建立新的認知

疫情後，國民對健康認知水準也不斷地提高，健康需求被逐漸擴大和細化，從而衍生出了一大批圍繞「健康」這一核心概念為定位的新品牌和新產品等。

5.2 趨勢：時代總會留給後人機會

　　同樣定位於「居家健身鏡子」的美國健身品牌 Tonal（如圖 5-5 所示）、定位於「零售制健身課程」的自助健身房、定位於「瑜伽界的高階愛馬仕」的運動品牌 lululemon[065]，也都是抓住「健康」概念的風口，備受眾多粉絲的熱烈追捧。

圖 5-5　Tonal 健身 [066]

　　同為健康飲料，同是以甜味劑代替蔗糖為創新，為何 A 品牌名聲大噪，而提早入局的 B 品牌涼茶卻難覓蹤影？原因就在於 A 品牌定位於「0 糖」的概念，獲得了人們主觀上的認知，知道它就是一款健康飲料。

　　所以，品牌僅僅推出「健康」產品是不夠的，還要在此基礎上，找出能夠突顯「健康」認知的差異化特點，並將這項特點傳遞給消費者，從而為消費者建立「健康」概念的認知。

　　德國獨角獸企業「Hello Fresh」（如圖 5-6 所示）為消費者提供新鮮的

---

[065] 瑜伽服裝品牌 lululemon，因 2022 年冬奧會加拿大代表團的紅色羽絨服受到矚目。
[066] www.tonal.com/campaign/black-friday-2023

食材包和配套食譜以及配送服務，每人每餐的成本不超過 10 美元，食譜為專業營養師研製的健康食譜，現已在全球擁有了上百萬名粉絲。

圖 5-6　Hello Fresh[067]

藝術與潮流的趨勢

阿那亞於 2013 年創立，是一個融合了文學藝術和潮流文化的獨特場所。

在阿那亞，年輕人都在尋找詩和遠方──最孤獨的圖書館（如圖 5-7 所示），這座孤獨的圖書館不僅僅是一個地方，更是一種精神寄託。在這裡，年輕人不斷突破自我，開啟屬於他們的獨特風格和創意思維。來自各地的年輕人在這裡思考、交流、創作。這裡不僅收藏古今中外的精品文學，還定期舉辦講座、展覽和文化活動。為此，阿那亞也成為時尚界的焦

---

[067]　www.hellofresh.com

5.2 趨勢：時代總會留給後人機會

點，各大潮流品牌選擇在這裡展示它們最新的設計。這裡的發表會不僅僅是產品首發的盛會，更是一場文化盛宴。人們在這裡交流思想，分享夢想，無處不激發靈感。這座圖書館成為激發創意的泉源，為年輕一代的創作者提供了無限的可能性。

圖 5-7　阿那亞圖書館

　　而年輕人在尋找詩意和遠方的過程中，不僅找到了自己，還為這座城市賦予了新的生命和活力。這裡不僅僅是一個文化社群，更是一個充滿活力熱情和創意的天堂。

　　曾經，街頭藝術、漫畫、玩偶等小眾文化很難登上大雅之堂，而今它們卻成了潮流藝術的高價拍賣產品，逐漸改變了整個藝術市場的發展走向。如果你希望了解當下的潮流趨勢，這些藝術家你可能需要了解一下。

　　從用另類征服世界的村上隆，到用圓點征服世界的草間彌生，再到用情感征服世界的奈良美智，他們被稱為日本藝術界著名的「三劍客」（如圖 5-8 所示）。這些藝術家憑藉自己的潮流藝術品風靡整個藝術圈，加之網路和社群媒體的興起，進一步推動了藝術家名氣的曝光度，建立受眾廣泛的粉絲，提升了潮流藝術品在大眾之間的社會影響力。

村上隆作品　　　　草間彌生作品　　　　奈良美智作品

圖 5-8　潮流藝術家作品 [068]

以村上隆為例，他的作品極其富有個性，通常將西方文化與日本文化相結合，既具有娛樂性，也具有欣賞價值，以流行的卡通文化和繪畫元素為基礎，營造了極具視覺表現力的個人作品。

新消費趨勢：低碳、綠色、環保消費意識深入人心

長久以來，低碳、環保始終都是社會各界倡導的綠色行動，而近幾年又出現了一個新的相關名詞——「低碳消費」。資料顯示，高達 86.1% 的調查參與者對於低碳消費具有較強的意識，這也從側面反映了低碳消費將成為未來的一種新趨勢。

比如在褶皺美學推動下誕生的日本小眾品牌 kna plus（如圖 5-9 所示），kna plus 褶皺購物袋不僅設計精巧，可以摺疊攜帶，方便收納，而且還考慮到環保問題，採用了來源於植物的聚乳酸和再生聚酯的可降解材料，廢棄丟入土壤後無論是焚燒或是自然分解也不會汙染土壤和水環境，讓許多消費者愛不釋手。

---

[068]　照片。

5.3 勢能與錯維勢能

CORN BASED PLA　ポリ乳酸

| 照柿 ORANGE | 紅藤 PURPLE | 濃縹 BLUE | 石竹 PINK | 納戶鼠 GRAY | 藍色 BLUE GRAY |
| 菜の花 YELLOW | 鉄紺 NAVY | 芥子 MUSTARD | 銀鼠／素色 SILVER／BEIGE | 木賊色 GREEN | 煉瓦色 BRICK RED |

圖 5-9　kna plus[069]

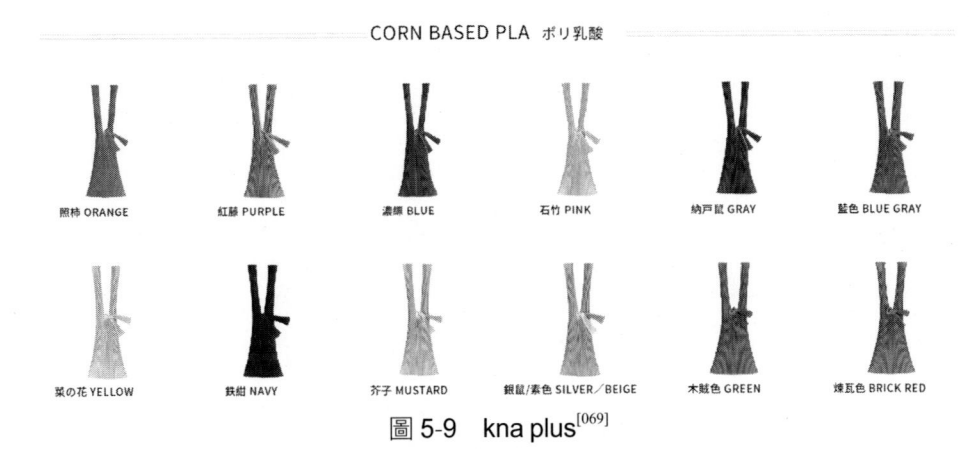

　　而同樣成立於日本的丸繁製果公司，專注生產可食用的日常器具，比如用於戶外活動的可食用托盤，可盛裝擺放各種食物，使用後即可食用，無須丟棄，味道類似冰淇淋甜筒，香脆可口；用於夾菜的可食用筷子，用燈芯草為材料，用後即可折斷食用，吃起來像餅乾一樣，備受消費者的稱讚。

　　不管在什麼時間，新的趨勢總可以帶給人們新的機遇。我們無法言盡每一天每個領域的趨勢，但可以肯定的是，每個品牌都有藉助它重生的機會。那麼，現在的你是否已經開始思考，自己的產品將如何與趨勢結合呢？

5.3　勢能與錯維勢能

　　每一個細微的維度中，都有勢能（細節勢能）的存在，並且這種勢能都會存在強弱的差別，如同「階梯」狀的分布，每段階梯之間，都有明顯的勢能差異（如圖 5-10 所示）。此外，多維度與單一維度間，也存在明顯

---

[069]　官網：knaplus.com/products/tate-pleats-l.html

第五章　趨勢與勢能：感知無形之「水」

的勢能強弱差別。錯維勢能就是運用自身維度的調整，上升到更高的「階梯」，或融入更多的維度，對原來的「階梯」形成壓倒性的勢能差。

圖 5-10　勢能「階梯」

因此，希望善加運用錯維勢能，就需要深度地洞察每件事物在不同維度的勢能「階梯」，以及融入新維度後的勢能變化。我們可以透過商業三個關鍵維度的勢能拆解，理解這種勢能的變化，從而理解錯維勢能存在的可能性，這三個大的維度分別是：區域勢能，區域的勢能軌跡；專業勢能，專業從高向低的傳遞；價值勢能，多維價值的進化。

區域勢能與區域錯維勢能

所謂區域勢能，就是每個區域所擁有的勢能差異。城市之間是有勢能存在的，從國際主要城市到本國主要城市，從本國主要城市到次級城市，層層依次遞推，勢能高低各不相同。有些次級城市的火熱品牌想要進軍到主要城市，就等於是逆勢而行，自然成功不了。不只是城市，國家與國家、沿海與內陸也都存在經濟勢能的差異。

5.3 勢能與錯維勢能

國家勢能階梯：先進國家＞開發中國家＞欠先進國家

城市勢能階梯：首都核心城市＞核心都會區＞次級城市＞非都會型城市＞鄉鎮地區

經濟地域勢能：沿海＞內陸

產地優勢：正宗原產地＞其他產地

原產地同樣有著很強的區域勢能，就如義大利的跑車、瑞士的手錶、美國的科技產品、日本的日用品和藥妝等，無一不是產業裡的風向標。茶葉產業對於原產區的概念炒得更加瘋狂，你會發現一路之隔的兩包茶葉，價格相差幾十倍，原因只是兩個字——「正宗」。這些地域經歷了幾十年甚至更久遠的大眾消費者教育工作，脫離開原產地的勢能，重新對消費者建立新的認知是非常困難的，經濟區域勢能的產生也絕不是一朝一夕的事情。

品牌區域勢能的建構主要是借力地方文化特色，將產品融入使用者的認知、生活中做傳播，從而對消費者的行動和觀念產生一定的影響，形成當地的消費新趨勢。

你會發現，很多競爭力弱的產品，拿到經濟區域勢能低的國家，依然可以大放光彩。

如果現在問大家，你還記得波導手機嗎？沒錯，就是那個「手機中的戰鬥機」，它曾蟬聯 7 年銷量冠軍，它去哪了呢？在蘋果為主導的智慧型手機的浪潮中，波導手機逐步在高手林立的市場敗下陣來。但是品牌方並沒有就此消失，而是找到一片全新的天地。十幾年一閃而過，你會發現在非洲 10 個人裡就有 4 個人在使用一款品牌的手機，它的名字叫傳音。沒錯，它的前身就是波導。非洲市場也是蘋果、三星的必爭之地，從一個王

第五章 趨勢與勢能：感知無形之「水」

者到另一個王者，傳音又是如何做到的呢？

　　傳音手機（如圖 5-11 所示）之所以能夠雄霸非洲市場，與它的本土化策略分不開。區域勢能只是先發優勢，而如何為當地消費者提供更具價值的手機，還是需要狠下一番工夫：第一，價格優勢，與蘋果、三星的高階定價不同，非洲普通手機的消費僅在 100 元左右，智慧型手機的價格區間在 500 元上下，這怎麼能難倒一個中國製造的品牌呢；第二，傳音具備快充與電池長續航的功能，在非洲這個不能做到隨時隨地充電的地方，該手機長續航的能力，簡直就是極品；第三，根據非洲人的使用習慣而設計的，比如非洲的很多電信公司訊號不相容，導致非洲人不得不準備幾支手機來裝不同的卡，而傳音手機解決了人們的煩惱，推出了四卡四待機的產品，滿足了人們日常外出的需求；第四，傳音手機的相機還具有針對非洲人皮膚黝黑的特點設定的特殊美顏特效，對眼睛、牙齒進行補光，直擊使用者痛點，幫助人們實現變美的願望。

圖 5-11　傳音手機 [070]

---

[070]　官網：www.transsion.com/business?lang=zh&code=business

5.3 勢能與錯維勢能

　　不得不說傳音手機的錯維競爭獲得了成功，核心原因是繞開了與高手同維過招的狀況，並找到了自身可以形成絕對優勢的區域。技術並不是傳音的主要優勢，但也正是因為沒有技術的領先優勢，造就了它能夠擁抱價格優勢的可能，恰巧技術也不是非洲市場的第一必要需求，二者一拍即合。

　　此外，「無用」的二手服裝到了非洲市場竟然也十分暢銷，原因是非洲的貧苦家庭居多，走在非洲的大街小巷隨處可見穿著帶有中文字衣服的當地人，有意思的是，他們還以喜聞樂見的態度把這一有趣的景觀拍成照片傳到了社群網站上，足以見得二手服裝在非洲的火爆程度。所以，對於品牌而言，永遠都會為你留有空間，只是看你是否能找到自己的區域。

　　提到海底撈，可能無人不知，無人不曉，然而為何這樣一家赫赫有名的火鍋店卻沒有在重慶、四川開一家分店呢？為什麼海底撈走出簡陽後的第一間店卻開在了西安？這也恰是海底撈能夠快速成功的原因，因為它規避了來自同維高手的正面進攻，地域選擇上也遵循了勢能的規律。假如海底撈第一站選擇了成都或重慶，就算最終能夠勝利，也會耗費了大量的資源和精力來應付來自同維的競爭。這樣看來海底撈在發展之初的區域選擇就非常討巧了。

　　區域勢能是非常有趣的一節，由此可以讓你能夠更加清楚錯維理論的概念，你會發現僅僅是在區域這樣一個維度中，由於勢能強弱的階梯，就能延展出非常多的發展可能。拋開差異化的概念，從區域勢能中感知自己品牌的方向也會更加清楚一些吧。所以，你的下一個市場選好了嗎？

第五章　趨勢與勢能：感知無形之「水」

專業勢能與專業錯維勢能

專業勢能反映了產品在特定技能或領域中的專業水準的差異。在高階汽車領域，賓士展現了其對專業勢能深入的理解和應用。在象徵著汽車最高製造水準的 F1 領域，賓士車隊曾多年蟬聯 F1 的冠軍寶座，這重複地證明了賓士在汽車技術方面的高度，無形之中也帶動了賓士專業勢能在所有消費者心中的位置。

然而，在近幾年賓士熱議的車型中，AMG ONE（梅賽德斯-AMG 旗下跑車）當數第一（如圖 5-12 所示）。它是第一款運用 F1 技術打造的量產跑車，彙集了賓士在 F1 賽車領域的多項最先進技術。搭載了一臺 1063 馬力 1.5tF1 引擎，同時，AMG ONE 在懸吊系統、煞車性能、空氣動力學等方面也借鑑了 F1 賽車的先進設計。被稱為世界唯一可以合法上路的 F1 跑車。它的成功上市，象徵著 F1 賽車技術對傳統的超級跑車的一次錯維競爭。

圖 5-12　AMG ONE [071]

---

[071]　官網：www.mercedes-amg.com/en/vehicles/amg-one/hypercar.html

此外，賓士轎車車型從高階到低階可分為 S 級、E 級、C 級、B 級、A 級等。賓士採取的方法是先為其頂級車型配備最尖端的技術，隨後再使這些技術逐漸向低階車型過渡。比如，S 級作為其在轎車領域的旗艦，首先獲得最先進的技術與市場推廣，接著這些先進元素逐漸被引入 E 級、C 級等車型中。

未來的競爭將不再限制於同品類之間，清楚地了解到事物專業水準的勢能差異，能夠幫助品牌更好地找到合適自己的競爭對手與競爭區域。現在，諸多品牌已經展開了跨界的發展之路，而最為重要的就是找到自身的專業勢能向下「流動」的可能性。

價值勢能與價值錯維勢能

第 1 章中我們提到，商業的本質就是品牌與消費者間的價值交換，當品牌自身的價值升高，不僅可以對同維的競爭對手構成競爭優勢，還可以獲得消費者的青睞。然而，現在的商業中，除了在單一維度上的強弱之外，由於更多維度的加入，也會讓品牌獲得更高的勢能。

在傳統超市購物時，我們好像習慣了沒有服務的現實，習慣於自取商品後的自主結帳。然而就是在這樣的一個產業特性中，A 超市卻悄然崛起。它被譽為「零售服務產業的天花板」。A 超市緊緊抓住了消費者追求極致美好生活的需求，以高標準、人性化和關注細節的服務特點取勝，將這些優勢發揮到極致，獲得了同行的敬仰和消費者的認可。

為了方便帶寵物的顧客前來消費，A 超市在賣場外為寵物主人提供了暫時寄放區，還為寵物提供了飲用水與排便袋，甚至還有寵物專屬的急救鈴。不僅如此，A 超市留意到了每一個消費者的痛點，甚至連最為普遍的

第五章　趨勢與勢能：感知無形之「水」

購物車也不放過，竟然一口氣提供了 7 種類型的購物車。

超市中的商品小紙條也是另一大亮點：A 超市在商品陳列處設置了溫馨提示，提醒消費者適量購買，強調理性消費。同時，還為各類商品注明了特點，甚至為消費者提供了購買和保存健康食品的小竅門，讓購物過程更加愉悅。在現切水果專區，超市會按照水果的甜度為客戶注明甜度序號，並建議顧客按照包裝的順序依次使用，才能有更好的口感。

A 超市對於顧客的關懷滲透到了每個細節，如在冷凍食品區為顧客提供手套，以便更好地挑選商品；設置圓筒以降低冷凍櫃轉角的尖銳度，以防止顧客受傷。在水產區提供免洗消毒液，方便顧客清潔雙手；還在超市外的餐飲區提供了愛心圍裙、餐巾紙等貼心服務。吃完榴槤害怕嘴裡有味道？沒關係，A 超市已經為你提前考慮到了。

所有空間一塵不染，所有員工都會主動幫顧客解決問題，不找任何藉口。在 A 超市你可以深切地感覺到，每個員工都是發自內心希望為你提供貼心的服務。

A 超市（如圖 5-13 所示）的成功在於預見並滿足消費者的需求，並為客戶提供了更多維度的價值。透過在傳統超市的基礎上加入新維度（服務）價值，不斷超越顧客對於滿意的邊界，因此 A 超市贏得了消費者的尊重和員工的忠誠。在這家零售店的成長過程中，「用真品，換真心」的服務理念深植於每位員工心中。20 年的積澱使 A 超市脫穎而出，贏得了業內的極高聲譽。

不難發現，當品牌能夠融入全新價值維度時，其對於產業的改變以及對於消費者的影響力是天翻地覆的。我們似乎開始察覺到，品牌提供的並非單一價值，而是一個由眾多維度組合而成的價值系統。那麼我們是否可

以透過錯維的方式，來調整品牌的價值系統，從而使其在未來的同維競爭中脫穎而出呢？我們將在第 7 章深入地探尋價值勢能的奧祕。

5.4 做事先做「勢」，與高勢能的事物連接

西漢《鹽鐵論》中稱：「富在術數，不在勞身，利在局勢，不在力耕。」意思是創造財富在於方法，不一定要靠體力獲得；獲得利潤關鍵在於審時度勢順應局勢，這同樣適用於商業領域。顯然，當我們打算做一個新的品牌，或介入一個新的領域時，如果沒有勢能的幫助，就會深陷同維的消耗戰中不能自拔。所以，做事先做「勢」，當我們的品牌不具備勢能時，做事就如同挑著百公斤的水桶上山一樣困難，相反，當我們的品牌具備了更高的勢能，做事就會像山中的水庫開閘放水一樣，水到自然渠成。

「勢」在人為，做事先做「勢」。關於「勢」，有時我們可以透過內在的提升獲得，有時也可以透過與高勢能的「事物」連接。所以，創業者需要懂得用恰當的方法去「用」勢與「借」勢。操作方法很簡單，首先，要能夠清楚感知到「勢能」的存在，其次，要想盡一切辦法與它們連接。

連接趨勢

每個時代有每個時代的趨勢，隨著時代的日益更迭，企業如若不看潮流趨勢，固執己見地堅持走自己的路，那麼遲早會被整個市場淘汰。要想做到百舸爭流，就要看準趨勢勇於乘風破浪。「借」趨勢，是每個創業者必修的課題。而關於趨勢的應用我們在本章節已經談了很多，這裡就不再贅述。

第五章　趨勢與勢能：感知無形之「水」

連接高勢能的人

　　名人、明星與我們品牌的連接，無疑是能有效地提升品牌的勢能。到了香港，你也許會聽到當地人說：「留心點，下一秒你可能會在餐桌旁遇到偶像明星哦！」沒錯，香港許多 TVB 的明星經常光臨一些富有年代感的茶餐廳，也正因如此，那些被明星打卡過的餐廳才會日日賓朋滿座。

　　在商業領域中，有時一個成功的借勢，足以讓人成為傳奇。故事發生在 2008 年，那是一個私募界的傳奇時刻。一位神祕的「私募業界名人」以超過 200 萬美元的天價，獲得了和巴菲特（Warren Buffett）共進午餐的機會。當時他手握一家公司的股票，於是他毫不猶豫地向股神巴菲特推薦了這支股票。這次薦股可謂是大獲成功，因為就算巴菲特最後沒有因為他的推薦而買進，其股票還是在接下來的 4 個交易日裡漲了近 24%！這為「私募業界名人」帶來了高達 1.3 億港元的收益。但是，這也促使巴菲特制定了一條規定：在午餐時不討論個股。

　　此外，產業的專家對於品牌勢能也會有很好的提升，2021 年某品牌與玻尿酸之父合作研發的口服玻尿酸一經推出便受到市場的追捧。

連接高勢能區域

　　相信很多人一開始聽到「名創優品」這個名字，會認為他是一家日本企業，其實它是名副其實的「中國企業」。憑藉日系的品牌設計調性，打造了小商品的集合門市。它邀請了日本三宅順也擔任首席設計師，完美地融合了 Uniqlo、無印良品、大創三個品牌的特點，且產品物美價廉，藉助了消費者對於日本小商品的優質印象，吸引了眾多年輕人的目光，並成功

地向全球市場拓展。如今名創優品已經在 100 多個國家及地區開設了超過 5,700 家店鋪。

連接話題

借「話題」造勢的行為關鍵考驗企業行銷部門的觀察力、注意力，就像業界常說每個企業都不得不遵循「使用者的注意力在哪裡，行銷的陣地就在哪裡」的商業邏輯。因為人們的目光總是停留在那些熱門新聞上，所以，吸引消費者眼球的慣用方法就是利用話題行銷來撬動品牌傳播勢能。

連接高勢能品牌

除了品牌聯名、跨界合作外，善於使用品牌也是一種智慧。例如餐廳會使用奢侈品牌作為裝飾品，或使用愛馬仕的餐具；高階場所會使用勞斯萊斯、賓利等名車接送自己的客戶；食品企業透過展示使用的品牌食材來提升自己品牌的形象等。

再者，成為知名品牌的服務商，也是不錯的方式之一。在工程機械耐磨件領域，某公司憑藉不斷創新的產品和完善的服務，獲得了眾多領軍工程機械主機品牌的「優秀供應商」稱號，也因此獲得了整個工程機械產業的青睞。

總之，「勢」處處可尋，關鍵在於你如何使用。在激烈競爭的大環境下，品牌若能順應時代、激流勇進，定能創造出雄偉的藍圖！

第五章　趨勢與勢能：感知無形之「水」

5.5 感知趨勢與勢能，讓無形的水在心間流淌

當你作為創業者回首去看自己的成長之路時，你會發現，很多時候並非自己心裡裝得太少，而是承載了太多。貪、嗔、痴如同無形的圍欄，阻礙了我們覺察商業世界的視角，使我們難以識破趨勢的脈絡，以及看清競爭對手間的優劣之「勢」。在貪欲之下，我們總是渴求無盡的擁有，然而過分的追逐使我們逐漸迷失；面對改變，嗔怒使我們堅決抗拒，導致我們無法順應市場的波瀾起伏；痴迷讓我們對所鍾愛之物越發偏執，滿懷期望地盼望他人同樣傾心，卻忽略了消費者多元的需求。

待時而動，乘勢而發

整體勢能與細節勢能，猶如「無形的水」，悄然滋養著商業世界的勃勃生機。在整體中，趨勢宛如那江河湖海，匯聚著時代的浪潮，其壯觀之勢如同詩人描繪的瀚海無涯，廣袤無垠。在這波瀾壯闊的大環境中，商業機遇潛藏其中，待時而動，乘勢而發。

而在細節中，我們與競爭對手的強弱關係宛如山澗中的溪流，時而緩慢，時而湍急。它們在細微之處匯成了不息的細流，無時無刻不在塑造著商業中的新的平衡。正如古人所言：「細水長流」，在這看似微小的關係中，也蘊含著無窮的智慧與力量。無形的水，雖不可見，卻實實在在地影響著我們的商業生態。我們需要在廣闊的整體趨勢中捕捉時機，同時需要關注細節層面的變化。

5.5 感知趨勢與勢能，讓無形的水在心間流淌

蘇格拉底（Socrates）的名言「我知道我一無所知」，不僅揭示了謙遜與自省的力量，更表達了一種對世界與知識的探索。這是一種內心的驅動，將我們引向真知的殿堂。當我們勇敢面對自己的無知，展開一場認知的冒險時，我們才能在商業的海洋中遊刃有餘。

當放空自我，我們內心就像是一片湖泊，它能夠平靜地反映出外界的變化，讓我們真正了解所處的環境。只有在這樣的狀態下，我們才能與商業世界自由交融，成為掌控商業之水的智者。所以，我們要做的很簡單，就是讓無形的水在心間流淌，讓水流指引我們順勢而為，奔流向前！

第五章　趨勢與勢能：感知無形之「水」

第六章

Wow Time! 錯維的「哇噢」時刻

　　哇噢！你知道嗎？公司樓下剛開了一家元宇宙風格的咖啡廳，還有很多知名藝術家的數位藝術品的巡展，好多人都搶著去拍照打卡！

　　哇噢！你知道嗎？我昨晚跟幾個朋友去了一個街邊的小餐館，你無法想像一個那麼破的店裡，廁所竟然是五星級的！

　　哇噢！你知道嗎？我們家附近的桌遊店，提供接小孩放學和帶小孩的服務了，我上次玩完回來的時候，人家硬是把我們一家的晚飯做好了，非要免費替我打包！

　　哇噢！你知道嗎？我在短影片平臺上找到一款高轉速吹風機，品質跟Dyson很接近了，但價格只要199元，你快去搶，昨天剛開賣就斷貨！

　　哇噢！你知道嗎？客戶帶我去了一家宮廷風餐廳，完全模擬了古代達官貴人宴請及宮廷宴會的場景，而且有幾百套古裝讓你選擇，不僅可以近距離感受歌舞，還可以跟朋友一起吟詩作賦，真的太妙了！

第六章　Wow Time! 錯維的「哇噢」時刻

6.1 發掘品牌的「哇噢時刻」

不經意間你會發現，生活總會時不時地為我們送來一些「哇噢」（Wow）！當我們發現身邊的事物令我們難以置信時，一定發會發出一聲「哇噢」，彷彿這才是對超越我們認知的事物最好的回應。

我們可以稱之為「哇噢時刻」。英文我們可以理解為「Wow Time」，難以置信的時刻。如果你希望了解自己的錯維方式是否成功，關鍵的衡量標準就是其能否引發「哇噢時刻」！

現在的豐田研發實驗室門口寫著一行字：「Make a Wow as a Standard」（以「哇噢」為標準）。「哇噢時刻」是使用者感到超級驚喜的時刻，是使用者真正發現產品內在超過預期價值的時刻。換句話說，產品不再只專注於卓越品質，而是全力打造使用者口碑的尖叫感，將新使用者變成品牌的超級使用者和傳播者，從而引爆產品銷量持續成長。

什麼是「哇噢時刻」？

「哇噢時刻」（Wow Time），我們可以稱之為錯維感，是指當消費者在接觸某個錯維的事物時，由於其出人意料的特點和創意，產生的一種超出預期的驚喜感。由於「事物」發生了錯維，而形成了一種非常強烈的反差感。我們可以將這種感覺理解為一種「認知重構」，就是當人們面對這種創新的、顛覆性的體驗時，他們的原有的認知結構被打破，產生一種深度的震撼和驚喜。

就如同，當我們正在繁華的城市中心喝咖啡時，抬頭看向窗外的一瞬間，卻出現了一隻遠古的霸王龍（如圖 6-1 所示）。

6.1 發掘品牌的「哇噢時刻」

圖 6-1　恐龍咖啡 [072]

　　在商業中，這種震撼和驚喜使得消費者對品牌產生強烈的好奇心，願意去主動了解、體驗和探索，這也使得品牌具有了強大的吸引力。此外，「哇噢時刻」由於極具顛覆性，往往能夠激發消費者的強烈分享欲。消費者會因為這種體驗感到興奮和滿足，願意將其分享給自己身邊的朋友，從而形成強大的口碑效應。

「哇噢時刻」為什麼至關重要？

　　為什麼「哇噢時刻」如此關鍵，這需要我們從《快思慢想》(*Thinking, Fast and Slow*) 書中的兩個系統中找到答案。《快思慢想》這本書由諾貝爾

---

[072]　AI 生成圖。

第六章　Wow Time! 錯維的「哇噢」時刻

獎得主丹尼爾‧康納曼[073]所著，主要講述了人類思考的兩種模式：系統 1（快速思考）和系統 2（慢速思考）。系統 1 和系統 2（如圖 6-2 所示）是作者用來描述人類大腦中兩種不同的思考方式的概念。

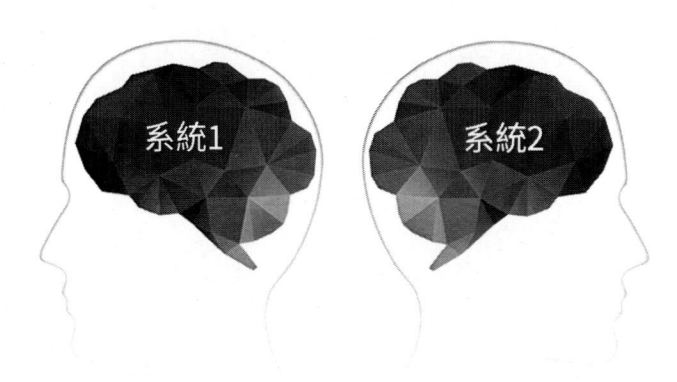

圖 6-2　系統 1 與系統 2

系統 1（快速思考）：系統 1 是一種快速、直覺、模板化、自動化的思考方式。它幫助我們做出日常生活中大部分的決策。由於系統 1 在我們的生活中非常重要，我們的大腦自然而然地傾向於使用這種思考方式。我們大腦使用系統 1 的場景如下：

想像你正走在一條安靜的街道上，突然從一個小巷子裡衝出一隻狗，瞬間你的心跳加速，身體緊張。這是你的大腦系統 1 的直覺反應，它讓你在面臨潛在危險時迅速做出反應。然而，當你仔細看了看那隻狗後，發現牠只是一隻友善的拉布拉多，你的緊張感消失了。

系統 2（慢速思考）：系統 2 是一種慢速、深入、需要投入更多精力的思考方式。它在我們處理新奇複雜的問題、分析資料或進行邏輯推理時發揮作用。我們大腦使用系統 2 的場景如下：

---

[073]　丹尼爾‧康納曼（Daniel Kahneman），心理學教授，2002 年諾貝爾經濟學獎得主，《快思慢想》的作者。

6.1 發掘品牌的「哇噢時刻」

想像你正在籌備一場婚禮，你需要考慮很多事情，如邀請哪些人、預訂什麼樣的場地、安排哪些活動等。你不能僅憑直覺做決策，而需要花費大量時間去了解各種資訊並權衡利弊。這就是你的大腦系統 2 在發揮作用，透過慢速、深入的思考來幫助你做出更明智的選擇。

系統 1 和系統 2 之間存在著密切的連繫。系統 2 是理性、慢速和分析性的思考，而系統 1 是直覺、快速和自動化的思考。當我們進行複雜、需要深度思考的任務時，系統 2 會主動介入，提供更加嚴密的邏輯分析。隨著時間的推移，當某個任務開始變得熟練和自動化時，系統 1 逐漸接手，使得我們能夠在日常生活中快速做出反應。

就比如，當我們剛開始學習開車時，需要集中注意力在每一個動作和判斷上，這是系統 2 在發揮作用。然而，隨著時間的推移，我們變得越來越熟練，開車的過程變得自動化，這時系統 1 開始發揮作用。

因此，可以說系統 2 是系統 1 的主要資訊來源，隨著經驗和技能的累積，系統 1 的快速直覺反應相當程度上是基於系統 2 所完成的分析和判斷。這兩個系統相互作用，共同支持我們進行決策、解決問題以及完成各種任務。

在消費的過程中，我們往往將同類與無差異的商品，歸為系統 1 處理，系統 1 會很快做出反應，並用固有認知來處理商品資訊。而品牌中常常說到的心智模式就類似系統 1，我們會將同類的品牌歸納在一起，或是形成心智的階梯，如果某品牌是後進入的模仿者，系統 1 往往就會將其排除在人的心門之外，或者放在心智階梯的末端。所以，想要快速引起消費者的注意，就必須啟動「系統 2」，而能否創造出「哇噢時刻」就成了關鍵因素。

品牌超引力四感模型，讓消費者瘋狂愛上你的品牌

好的創意與超預期的價值，可以在短期內，在同維或同場景的產品中製造出相對稀缺性，從而導致消費者趨之若鶩。有些品牌的「哇噢時刻」，只能讓品牌熱度持續很短的一段時間，而有些品牌卻利用「哇噢時刻」讓品牌獲得持續性的成長，就比如，某茶飲在對產品升維之後，獲得了大批的受眾，該茶飲透過靈活排隊製造稀缺等行銷方式，成功將自己的估值做到超過 600 億元。

01
「哇噢時刻」（Wow Time），又稱為錯維或錯維反差感，是指消費者在接觸某個錯維的事物時，由於其出人意料的特點和創意，產生的一種超出預期的驚喜感。

02
稀缺感，又稱稀缺效應，指的是當某種資源（如物品、時間或者機會）變得稀缺時，人們對這種資源的需求和價值感知會顯著增加的一種心理現象。

04
上癮感，是指事物的不確定性獎勵為人帶來的更加強烈的行為反應與更持久的參與度。

03
付出感，又稱心血辯護效應，是一種認知失調現象，指的是當個體為達到某個目標付出了較大的努力後，為了消除自我矛盾和心理不適，往往會增加對該目標的價值評估。

（超引力四感模型：錯維感、稀缺感、付出感、上癮感）

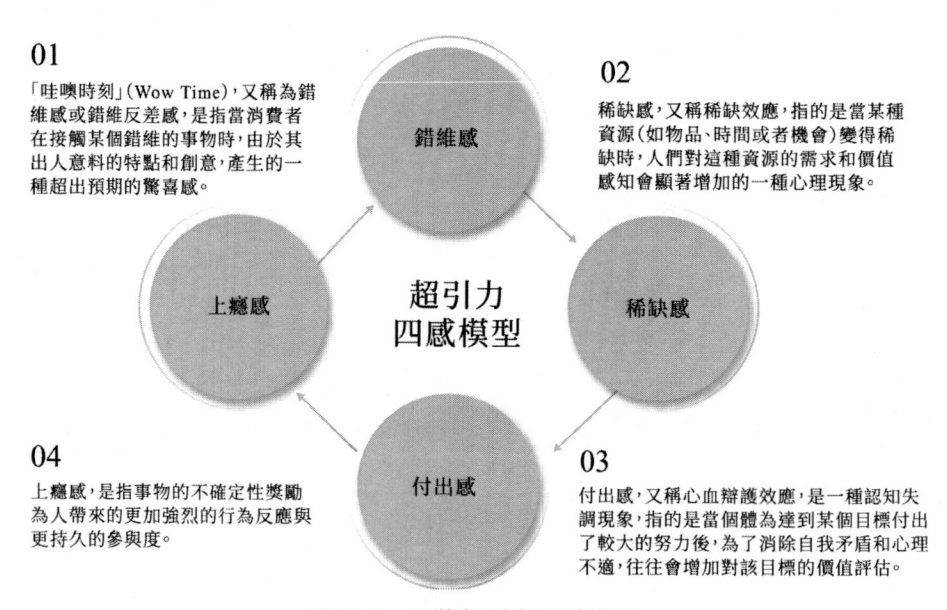

圖 6-3　品牌超引力四感模型

都是「哇噢時刻」，為什麼大家的結局並不相同呢？那是因為優秀的品牌能夠有效地運用錯維感所帶來的消費者「吸引力」，運用多個環節的設定，將「吸引力」多次放大，並能夠深度地帶動消費者的情緒，最終再次觸發「錯維感」，形成一種螺旋式上升的吸引力閉環。我們可以為這個

閉環取一個好聽的名字——品牌超引力四感模型。超引力，是因為透過這個模型可以使「吸引力」放大，而四感是因為這個模型是由四個不同感受構成的，即錯維感、稀缺感、付出感、上癮感。

品牌超引力四感模型（如圖 6-3 所示），每種感受之間都是環環相扣的，錯維感（「哇噢時刻」）吸引顧客的注意力，稀缺感讓顧客趨之若鶩，付出感讓顧客對你的品牌的好感迅速升溫，而上癮感讓顧客為你的品牌著迷，並願意持續關注你的品牌。

6.2 品牌超引力四感模型 —— 錯維感

在品牌超引力四感模型中，錯維感無疑是最為引人入勝的一種感知體驗。它打破了一般的思考維度，將品牌引領至一個全新的境界。錯維感，就像是一場跨越時空的冒險，讓人在驚喜與探索中感受到品牌的無限可能。當品牌跳出原有的維度，融入更多元化的價值和創意，便讓同樣的事物獲得了重生的機會。可以說，錯維感，正是品牌超引力的核心所在，它讓品牌超越平凡，成為打開流量之門的鑰匙。

錯維感：引爆行銷的導火線

在上一節我們了解到人的思考的兩種系統。值得注意的是，對於新品牌或相對弱勢的品牌而言，只有啟動大腦的系統 2，才能夠有希望進入消費者的大腦的特殊通道（快車道）。在製造錯維感方面，錯維勢能與錯維創意都能很容易地打開消費者心門。錯維勢能為消費者在消費的體驗中，增加了超越預期的價值體驗。例如，五星級的餐廳才花了一星級的價格。

第六章　Wow Time! 錯維的「哇噢」時刻

　　而錯維創意，是最直接地衝擊了消費者的感官，全新事物的形態顛覆了我們固有的認知，例如，我們看到路人把一個喝完水的杯子直接吃掉，會感到非常驚訝。

　　這些新奇的事物所帶來的「好奇心」，會很快獲得我們大腦的系統 1 介入（主動了解），但在很短暫的時間後，系統 1 發現這些事物自己無法解釋，同時就會迅速地啟動系統 2，增強對新事物的注意力，參與分析。由此看來，「哇噢時刻」更像是那把能夠打開消費者心門的鑰匙。

　　在商業的世界中，行銷的本質還是基於與消費者產生連接後的一系列操作。然而在一個資訊不斷狂轟濫炸的時代，毫無新意的內容甚至都不會讓消費者多看一眼。試想一下，一個品牌不能夠激起消費者的任何興趣，你的一切行銷活動都是毫無意義的（即使你的折扣力度再大），消費者會認為「你與我無關」。

　　而錯維感（「哇噢時刻」），就是那個能夠打開你與消費者深度交流的敲門磚，它就像是一個上門推廣產品的業務員，你至少也要等客戶開門後才能開始介紹，對嗎？在品牌超引力四感模型中，我們會逐步了解到稀缺感、付出感、上癮感的獨特「魔力」，它們都是能夠很好地抓住消費者內心的方式。但最重要的並非這三種方法，而是讓人願意主動了解你的「哇噢時刻」——錯維感。「哇噢時刻」等於整個模型中的「1」，而其他三個「感覺」如同「1」後邊的「0」。

　　然而，很多企業在運用錯維建構新的價值系統或創意後，會發現消費者並沒有引發「哇噢時刻」，這可能是品牌在兩個方向上沒有突破消費者心裡的預期值，即在價值層面，消費者完全沒有感受到超越同維競爭對手的高勢能體驗；或品牌創意層面，消費者認為商家的創意只是比同類做得更好，並沒有跳出原有的認知，構成顛覆的創意。

所以，即使企業感覺自己的錯維方式再好，也不要陷在自我感覺良好的沼澤之中，因為自己認為的超預期，與消費者真正能感知到的超預期還是兩碼事。「哇噢時刻」其實給了創業者一個很好的衡量標準，拉近了自身與消費之間的認知距離。所以企業或品牌在製造出自己的「哇噢時刻」時，需要經過一個測試階段，反覆地驗證消費者對於這個「哇噢時刻」的反應，並持續地調整與改進。

6.3 品牌超引力四感模型 —— 稀缺感

魯迅曾在〈藤野先生〉中寫道：「大概是物以稀為貴罷。北京的白菜運往浙江，便用紅頭繩繫住菜根，倒掛在水果店頭，尊為『膠菜』；福建野生著的蘆薈，一到北京就請進溫室，且美其名曰『龍舌蘭』。」

魯迅先生的這一小段文字，向我們展示了那個時代的「稀缺」景象。你有沒有發現，凡是一談到「稀缺」或「限量」，人們購買的興頭就上來了，而這樣為「稀缺」瘋狂的情景從古至今每天都在上演。

2021年12月29日凌晨3點，迪士尼門外已經聚集了超過5,800人，甚至傳聞有人竟因為排隊憋到尿血，真的是太瘋狂了！顯然他們並不是簡單為了儘早入園遊玩，而是為了一款限量版玩具 —— 達菲熊和朋友們。然而，隨著時間的推移，遊客們變得越來越焦躁。在應對如此龐大的客流時，迪士尼園區的三家商店也陷入了困境。他們甚至不得不要求遊客暫停排隊，以免出現意外。迪士尼玩偶的熱賣程度達到了前所未有的地步，以至於有人願意用高價名酒來換購這些限量版玩具。這樣的場景，讓我們看到了人們內心對於「稀缺」的渴望。那麼什麼是稀缺感呢？

第六章　Wow Time! 錯維的「哇噢」時刻

稀缺感：物以稀為貴

稀缺感源自稀缺效應（Scarcity Effect），這個概念主要來源於羅伯特・西奧迪尼（Robert B. Cialdini）的研究。羅伯特・西奧迪尼是美國社會心理學家，擅長研究人類的說服和影響力。他在 1984 年出版的著作《影響力：如何輕易說服別人》（*Influence: The Psychology of Persuasion*）中詳細介紹了稀缺效應這一概念。

稀缺效應指的是當某種資源（如物品、時間或機會）變得稀缺時，人們對這種資源的需求和價值感知會顯著增加的一種心理現象。換句話說，人們通常更加渴望那些難以獲得的東西。我們亦可稱之為稀缺感。

稀缺感可以解釋為什麼限量版商品和獨家發售等行銷方式能夠吸引消費者。在這種情況下，稀缺性使得這些產品顯得更具吸引力和價值。稀缺感存在的原因：

（1）損失規避：人們往往對避免損失的行為更為敏感。當資源稀缺時，人們更擔心錯過擁有它的機會，從而更願意採取行動避免損失。

（2）獨特性追求：人們傾向於追求稀缺資源，因為它們能夠使個體在社會中脫穎而出，顯示出一定的獨特性和地位。

（3）競爭心理：稀缺資源會激發人們的競爭意識，讓人們產生「如果我不行動，別人就會得到它」的念頭，從而促使人們更積極地爭取稀缺資源。

（4）稀缺性導致的高品質感知：人們往往認為稀缺的東西品質更高、價值更大。這種認知可能源於「物以稀為貴」的心理。

同樣，品牌可以採用多種方法來製造稀缺感，以吸引消費者的注意力和購買欲望。以下是一些常見的策略，配以實例進行說明。

1. 限時限量產品

品牌可以推出限量版產品，以提高產品的獨特性和稀缺感。例如，NIKE 經常推出限量版的球鞋，這些鞋款通常以獨特的設計和數量有限的發售而受到追捧，甚至你必須前往發售門市抽籤，才能知道自己是否有資格購買。

2. 獨家發售

品牌可以與某些管道或平臺達成獨家合作關係，使消費者只能透過特定途徑購買產品。例如，某些電影只在 Netflix（美國網飛公司）平臺獨家上映，使觀眾為了觀看這些電影而訂閱 Netflix 服務。

3. 產品客製化

品牌可以提供個性化客製服務，使消費者購買到獨一無二的產品。例如，勞斯萊斯非常重視客戶的個性化需求，提供高度客製化的服務。消費者可以根據自己的喜好選擇車輛的外觀、內飾、配置等方面的細節。這種個性化的客製服務使得每輛勞斯萊斯汽車都成為獨一無二的藝術品，進一步提升了其稀缺價值。

4. 缺貨行銷

如果說買到限量版的商品用來炫耀分享，是一種客戶主動行銷的方式，那麼將買不到貨的慘痛經歷公布於眾也會達到同樣的行銷效果。比如，一些高級珠寶品牌會限制門市的庫存量，使消費者產生總是訂不到貨的錯覺，增強了緊迫感和購買欲望。

第六章　Wow Time! 錯維的「哇噢」時刻

在商業中就有諸多善於使用稀缺感的品牌，Supreme[074] 就是其中一員。無論是在時尚圈還是在街頭潮流界，Supreme 都堪稱一個傳奇。這個來自紐約的潮牌，自 1994 年成立以來，就憑藉其獨特的稀缺效應策略成功地在全球掀起了一股 Supreme 狂潮。

Supreme 的發售方式堪稱獨具匠心。每年，它只推出有限的幾個系列，而每個系列又分為多個小批次定期發售。為了購買到這些令人趨之若鶩的產品，粉絲們必須密切關注發售時間，並在指定的時間搶購。為了確保公平，每次發售的商品數量都被嚴格限制。在這種情況下，產品的稀缺性達到了頂峰，使得許多人為了購買到心儀的 Supreme 產品而拚盡全力。

比如，Supreme 與一家知名運動品牌聯名推出了一款限量版鞋款。發售前，Supreme 的官網和社群媒體都進行了大力宣傳，公布了具體的發售日期。這個消息一經發表，立刻在粉絲圈內引發了轟動。最終到了發售日，天還沒亮，Supreme 門市外已經排起了長龍。有些粉絲甚至從前一天晚上就開始守候在門市外，只為能確保買到這雙限量鞋款。隨著發售時間的臨近，人潮越來越多，場面非常壯觀。就在發售時間一到，人們紛紛衝進門市，爭相搶購。而由於限量的原因，許多人搶購失敗，不禁感嘆 Supreme 產品真的是一件難求啊！

在這個過程中，Supreme 成功地透過稀缺感吸引了大量粉絲的關注。這種稀缺感使得 Supreme 的產品變得更加珍貴，讓每一次成功購買的經歷都變得越發難忘。人們甚至為了炫耀自己擁有的 Supreme 單品而在社群媒體上秀出照片，從而進一步增加了品牌的曝光度和話題性。如此巧妙地利用稀缺感，正是 Supreme 成功塑造品牌神話的關鍵所在。

品牌在成功打造「哇噢時刻」之後，並不是一味去賣貨，而是需要讓

---

[074]　Supreme 是英國人 Jame Jebbia 在美國紐約創立的品牌。

產品具備稀缺感，讓消費者對於你的品牌的好感持續升溫。然而，製造稀缺感方法都是基於消費者對品牌稀缺性的高度關注和渴求，從而提高銷售業績和品牌知名度。過度使用稀缺感可能導致消費者的牴觸心理，因此要適度運用。

6.4 品牌超引力四感模型 —— 付出感

羅密歐與茱麗葉的愛情故事是我們兒時就時常聽到的，他們是莎士比亞（William Shakespeare）筆下的悲劇愛情故事中的一對主角。他們分別來自維洛那的兩大家族 —— 蒙太古和凱普萊特，這兩大家族世代為敵。羅密歐與茱麗葉在一個舞會上邂逅並墜入愛河，但因家族恩怨而不能公開相愛。在一系列悲劇事件後，他們決定祕密結婚。然而，他們的家族恩怨逐漸升級，導致羅密歐被放逐，茱麗葉為逃避與他人的婚約服用短暫昏迷的藥劑。由於計畫失敗，羅密歐誤以為茱麗葉已死，於是在她的墓前自殺。茱麗葉醒來後發現羅密歐已死，也選擇了自殺。最終，這對戀人的悲劇死亡促使兩個家族和解，結束了長久的仇恨。

這種越難越愛的場景，被後人稱之為羅密歐與茱麗葉效應（Romeo and Juliet Effect），是一個心理學術語，指的是當一對戀人受到來自父母或社會的反對時，他們的愛情反而會變得更加強烈的現象。

付出感：為什麼總會愛你更多？

然而越難越愛不僅僅出現在愛情中，在人們的日常生活中，這種情景也是時常出現的。無獨有偶，美國心理學家埃利奧特·阿倫森（Elliot Ar-

第六章　Wow Time! 錯維的「哇噢」時刻

onson）在 1950 年代提出了心血辯護效應。阿倫森在一系列實驗中發現，當個體為某件事物付出較大的努力時，他們會傾向於將這件事物視為更有價值。我們也可以將其稱為付出感。

付出感可以解釋為什麼當我們付出越多心血和努力時，就越傾向於認為所付出的努力是值得的，即使結果可能並不理想。這種心理機制使我們在面對挫折時更容易維持自尊心和自我價值感，從而避免認為自己的付出是白費。在現實生活中，這一效應廣泛存在於學習、工作、人際關係乃至商業等多個領域。

以宜家家居（IKEA）為例，其一直以超高的 CP 值著稱，但擁有一件精美的家具之前，消費者必須手工組裝（付出了額外的努力）。購買宜家家具的消費者在拿到家具後，需要花費時間和精力閱讀說明書、尋找零件，甚至可能還需要為組裝過程中出現的問題而費心。正是因為付出了這些努力，消費者在完成家具組裝後會感受到一種成就感，這會讓他們覺得自己的付出是有價值的。

這種付出感使得消費者對宜家家具的滿意度和忠誠度大為提高。因為人們為了證明自己的付出是有意義的，會對組裝好的家具產生更強烈的好感，並且認為其價值較高。這也正是宜家家居品牌的成功之處。透過讓消費者親身參與家具的組裝過程，它贏得了消費者的認同和忠誠，使品牌在市場上獲得了競爭優勢。

顯然，人們會對付出努力的事物產生更高的價值評估。在品牌行銷中，利用付出感可以提高消費者對品牌的滿意度和忠誠度，也會更好地增強與消費者的親密關係。在品牌的「錯維感」火爆之後，要善於從各種維度來設定門檻，主要可以從三大維度來思考，即時間、精力、金錢：

6.4 品牌超引力四感模型－付出感

（1）你需要對品牌付出時間成本，即使能夠馬上給你，但也需要讓你耐心地等待 2 個月的時間。

（2）精力與體力的付出也是必不可少的，有些品牌需要消耗大量精力關注它的即時動向，凌晨 4 點開啟預約，不僅在網路上抽籤，甚至需要去現場排隊 N 小時，當你感覺自己身體快要被掏空時，夢寐以求的產品才會出現在你的面前。

（3）當然最重要的一點是，想盡辦法掏空你口袋中的鈔票。除了高昂的售價，品牌往往會使出「配貨」的必殺技，想要得到 A 商品嗎？那麼你需要購買 B、C、D、E、F、G……

在製造付出感方面，絕對是諸多國際奢侈品牌的看家本領。愛馬仕的包袋，尤其是那些限量款或鉑金包，向來備受追捧。這些包袋不僅價格昂貴，而且需要經歷一系列複雜的購買過程。購買者必須先成為品牌的會員，然後根據會員等級，等待一個相對較長的時間，方可獲得購買資格。同時，愛馬仕還要求購買者購買其他附屬產品，如圍巾、飾品等，以證明他們對品牌的忠誠。消費者在付出鉅額金錢、時間和精力之後，對自己購買的產品產生了一種深刻的付出感，從而使他們更加珍惜和自豪。

當然，既然談到付出感，怎麼可以少了法拉利這樣一位老牌「選手」呢？法拉利 Daytona SP3（如圖 6-4 所示）是一款極具傳奇色彩的跑車，旨在紀念品牌在 1967 年獲得的許多跑車比賽勝利。這款車的產量非常有限，不僅價格昂貴，還需要滿足一系列嚴格的購買條件。

首先，購買 Daytona SP3 的消費者需要是法拉利的 VIP 客戶。通常情況下，只有已經擁有一定數量法拉利車輛的消費者才有資格成為 VIP。成為 VIP 之後，消費者還需要保持一定的購車頻率，持續展現對品牌的忠誠

第六章　Wow Time! 錯維的「哇噢」時刻

和熱愛。其次，品牌會根據消費者的購車歷史、活動參與度以及品牌貢獻等因素，決定是否邀請他們購買 Daytona SP3。這意味著，即使是 VIP 客戶，也不一定能夠獲得購買資格。最後，購買 Daytona SP3 的消費者還需要接受品牌方的專屬邀請，參加一系列私密活動，如法拉利賽車比賽、法拉利俱樂部活動等。這些活動不僅有助於增進消費者與品牌的連繫，還能讓消費者在同好之間分享自己的購車體驗。而法拉利表示該車型將首先對自己其他的限量車型的車主開放名額。這簡直就是要把「門檻」玩到爆炸了！

圖 6-4　法拉利 Daytona SP3[075]

透過這些門檻，法拉利成功地為 Daytona SP3 創造了稀缺感和獨特性。消費者為購買這款車付出了昂貴的價格、時間和精力，因此他們在心理上對這款車產生了更深厚的情感，進一步提升了法拉利在消費者心中的價值。

---

[075]　官網：www.ferrari.com/en-EN/auto/ferrari-daytona-sp3

6.4 品牌超引力四感模型—付出感

總之，愛馬仕和法拉利透過設定購買門檻和要求消費者付出多種形式的投入，有效地運用了付出感。這些品牌的消費者在經歷了這一系列過程之後，不僅沒有厭惡，恰恰相反，他們對購買的產品產生了更深厚的情感，從而提升了這些品牌在其心中的地位。

不僅僅是大品牌，就算只有一家門市的新創品牌也可以善用付出感，為自己的品牌提升熱度。某家知名韓國餐廳，其獨特的預訂制度使其成為最難預訂的餐廳。這家餐廳以精緻的韓式料理和獨特的用餐環境為特色，為了保證每位顧客的用餐體驗，該餐廳限制每日接待的客戶數量，每天只有10個位置，分為兩個時段供顧客選擇。

要想在這裡用餐，顧客首先需要提前6個月追蹤該餐廳的社群帳號。每月15號凌晨，餐廳會開放預訂通道，讓顧客進行搶位。由於位置有限，競爭非常激烈，通常在短短1分鐘內，一個月的位置就會全部搶光。另外，一個人的帳號在同一時間段內只能預訂兩次，確保更多的顧客有機會品嘗到這家餐廳的美食。

該餐廳透過嚴格的預訂制度和有限的位置，成功營造了付出感，讓顧客更加珍惜這一難得的用餐機會。這樣的方式不僅使得餐廳的口碑越來越好，還讓更多的人趨之若鶩，希望能夠一品該餐廳的美食。在這個過程中，顧客們付出了關注、時間和耐心，從而在心理上對該餐廳產生了更深厚的認同感和情感，進一步提升了餐廳的品牌價值。

最後，無論什麼品牌，付出感都是十分受用的。但對於企業而言，需要精準地拿捏消費者所需要付出的「程度」，因為當品牌自身的吸引力不足時，過高的門檻，反而會使自己深陷有人問津，卻無人願意購買的窘境。在行銷的初期，可以採用較低一些的門檻作為嘗試，在人流量開始增加後，再適度地調節。

6.5 品牌超引力四感模型 —— 上癮感

在日常生活中，不知道你是否有過這樣的體驗，徘徊在刮刮樂的櫃檯前，總是不願意離去，總覺得下一次能夠中大獎；面對總是收集不齊的盲盒一直焦躁不安。這裡需要抱歉地通知你，你已經「上癮」了。為什麼很多事物會帶給我們這種類似的感受，在下面這場經典的實驗中，謎底即將揭曉。

史金納箱（Skinner Box）（如圖 6-5 所示），是由著名心理學家史金納（B. F. Skinner）設計的一種實驗裝置，用於研究動物（通常是老鼠或鴿子）在特定條件下的行為反應。史金納箱實驗的核心概念是操作性條件作用（Operant Conditioning），即透過強化或懲罰來塑造或改變動物的行為。

圖 6-5　斯金納箱 [076]

---

[076]　AI 生成，原創。

6.5 品牌超引力四感模型—上癮感

有一天,史金納教授正在進行一項有趣的實驗,試圖了解老鼠在面對確定性與不確定性獎勵時的行為表現。實驗開始時,教授將兩個史金納箱分別設定為確定性獎勵和不確定性獎勵。在確定性獎勵箱子裡,每當老鼠按下槓桿,牠就會得到一粒食物;而在不確定性獎勵箱子裡,老鼠按下槓桿後,有時會得到或多或少的食物,有時卻一無所獲。

教授讓兩隻老鼠分別進入這兩個箱子,並觀察牠們的行為表現。起初,兩隻老鼠都努力按下槓桿,試圖得到食物。在確定性獎勵箱子裡的老鼠很快就學會了,只要按下槓桿,就能得到食物。牠非常滿足地按照這個規律享用美食。

然而,在不確定性獎勵箱子裡的老鼠卻展示出了不同的行為。雖然牠偶爾也能透過按下槓桿獲得食物,但是這個過程卻充滿了不確定性。有趣的是,這隻老鼠變得越來越專注於按下槓桿,似乎被這種不確定性所吸引。每次成功獲得食物時,老鼠都會感到非常興奮,而失敗時則更加刻苦地按下槓桿,試圖在下一次獲得獎勵。

不難發現:在面對不確定性獎勵時,老鼠表現出更強烈的參與意願和持續行為。這種現象不僅在老鼠身上出現,甚至在人類的行為中也有所表現。這就是史金納箱實驗為我們揭示的有趣現象:不確定性獎勵的吸引力。而本節所謂的上癮感,就是指事物的不確定性獎勵為人帶來的更加強烈的行為反應與更持久的參與度。類似地,諸多線上遊戲都善於運用不確定性的獎勵,如開寶箱不確定性發放禮品、不確定性的抽獎活動、不確定性的隊友等,當你時不時地都想查看一下遊戲軟體時,你已經在不經意間上癮了。

上癮感：讓顧客戒不掉你的品牌

在商業中上癮感也常被應用，在日本就有這樣一個奇特百貨，運用不確定性的機制，將一個雜亂的超市，運作成日本最大的綜合免稅百貨店，這就是唐吉訶德百貨（Don Quijote）。與我們眼中那種感覺整潔的超市形象恰恰相反，這裡雜亂至極——亂到你身處其中很難找到商品，走廊過道擁擠不堪，連上個廁所都被產品包圍。那麼，你還有進去購物的欲望嗎？

日本的唐吉訶德百貨（如圖 6-6 所示）更像一家跟顧客「唱反調」的百貨店，似乎完全都不為顧客著想，但神奇的是，這家店卻偏偏做到了業內前十名，利潤連續成長 30 多年。2017 年銷售額高達 2,855 億元，2020 年銷售額更是高達 5,000 億元，成為日本收入排名第 4 的零售企業。

圖 6-6　日本的唐吉訶德百貨 [077]

不過在這樣的情況下，顧客在購物過程中體驗到了不確定性的樂趣，每次發現一樣新奇的商品，都讓他們越發上癮。而這種不確定性效應使得顧客願意花費更多時間在店內探尋，進而提高了他們的購買意願。

當你來到唐吉訶德百貨購物，原本只是想買點化妝品和生活用品。但

---

[077]　官網：www.donki.com/en/about

6.5 品牌超引力四感模型—上癮感

當你走進店內,立刻被琳瑯滿目的商品吸引。漫無目地在店內徘徊,不時發現一些意想不到的好東西 —— 一款日本限定的口紅、一款你在其他商店從未見過的美容面膜等。

儘管店內擁擠且混亂,但這並沒有影響你的購物體驗。相反,你會覺得這種環境反而使購物變得更加有趣。這次購物,你買了許多意想不到的好東西,如一雙設計獨特的拖鞋、一款實惠又美味的零食等。在離開唐吉訶德時,你滿載而歸,心情愉快。

如此看來,唐吉訶德百貨的成功之處就在於充分利用了不確定性原則,透過尋寶式購物體驗激發顧客的好奇心和購物欲望。顧客在唐吉訶德的混亂環境中尋找「寶藏」,享受到了不確定性帶來的樂趣。而這種體驗最終讓唐吉訶德在日本市場占據了一席之地,成為一家獨具魅力的百貨商店。

那麼我們該如何增強自身品牌的不確定性,以達到讓客戶為你「上癮」的狀態呢?我們大致總結了以下三點:

1. 新品迭代

定期或不定期迭代自身產品,在推出之前始終保持神祕感。

蘋果公司擅長運用新品迭代策略來製造不確定性,使消費者對新產品充滿期待。在每年的蘋果發表會前,蘋果公司通常會對新款 iPhone 的具體配置、功能和外觀設計保持高度保密。這種保密策略在一定程度上加大了消費者對新產品的好奇心和期待。當新款 iPhone 推出時,消費者往往帶著極大的好奇和購買欲望。

此外,蘋果每年都會迭代升級 iPhone,這種策略使得消費者始終關注

第六章　Wow Time! 錯維的「哇噢」時刻

品牌動態。每一代 iPhone 的推出，都會帶來一些創新功能和技術，這些變化會激發消費者的好奇心，從而使他們對產品產生更強烈的購買欲望。

蘋果在推出新款 iPhone 時透過保持神祕感和每年的迭代更新，成功地激發了消費者的更加持久的喜愛。這種方式在一定程度上有助於蘋果品牌維持其市場地位和競爭力。同樣也使得蘋果在消費者心中始終能夠保持一個年輕的狀態。

2. 不確定獎勵

將顧客消費後的獎勵機制由固定性變為不確定性，例如類似盲盒、抽獎等形式。

澳洲的知名連鎖超市品牌 Woolworths（伍爾沃斯公司）在 2021 年與丹麥玩具龍頭樂高（LEGO）展開合作，推出了一系列獨家的樂高盲盒。此次合作是為了進一步吸引消費者，並透過這種創新的市場行銷手法提高品牌知名度和客戶滿意度。

Woolworths 和樂高合作推出的盲盒產品包含了多款獨家設計的樂高角色。顧客在購物時，每消費一定金額即可獲得一盒免費的樂高盲盒。消費者在獲得這些免費盲盒的過程中，會更願意在 Woolworths 消費，從而促進消費者的購買欲望和品牌忠誠度。

此次活動受到了廣泛關注，許多消費者對樂高盲盒表現出極大的興趣。Woolworths 的樂高盲盒產品採用了神祕的包裝方式，激發了消費者的好奇心和探索欲望。同時，Woolworths 和樂高的品牌形象和價值觀相互映襯，進一步提升了合作活動的影響力。

在活動期間，消費者可以與其他樂高愛好者交流分享，甚至進行角色

交換。這種互動機制使得 Woolworths 的樂高盲盒產品不僅具有收藏價值，還具有社交屬性，從而增強了整個活動的吸引力。

透過與樂高的合作，Woolworths 成功地為消費者帶來了新穎獨特的購物體驗，同時也為品牌帶來了更廣泛的關注和良好口碑。這種盲盒行銷策略可以視為一個成功的案例，將消費者的好奇心、驚喜感和社交需求融為一體。

3. 不確定場景

讓品牌與消費者接觸的空間或場景，具備可變性與隨機性，從固定的門市形式，變成可以隨著時間、產品主題或品牌聯名活動而改變的體驗式空間。

例如，當下較為流行的策展式商業的形式。策展式商業就是透過打造不確定的消費場景來吸引消費者。一家針對年輕人的創意策展式商業空間，與傳統的購物中心不同，其策展式商業強調場景式體驗和文化創意，其宗旨在於為顧客營造一個充滿藝術氛圍和個性化的消費空間。每個品牌、設計師和藝術家都在這裡展示自己獨特的個性和風格，將各類元素融合到一起，構成了一個充滿活力的創意生態。

常換常新的空間體驗，也是策展式商業的重要魅力所在。年輕消費者可以盡情探索各種獨立設計師的作品，享受各類藝術展覽，還可以在精品餐廳品嘗美食。這裡還不定期舉辦各類文化活動和主題活動，為顧客帶來更加豐富多樣的消費體驗。

總之，所有品牌與消費者接觸的環節，都可以融入「不確定性的獎勵機制」。在這時你會發現，我們由產品創造的錯維感出發，在最後製造

第六章　Wow Time! 錯維的「哇噢」時刻

「上癮感」時再一次回歸到了「錯維感」（新的產品與場景）。

然而除了讓人欲罷不能的魔力之外，不確定性也是生活的美妙之處，也讓我們的生活變得多姿多采。電影《阿甘正傳》（Forrest Gump）中，阿甘說：「媽媽總是說，生活就像一盒巧克力，你永遠不知道下一塊會是什麼味道。」這句話成為電影的經典臺詞，並被廣泛引用。這句話突顯了生活的不確定性，表達的是人們無法預測未來，每個人都會在生活中遇到各式各樣的意想不到的事情。然而，在面對不確定性上，阿甘為我們做出了很好的表率，他雖然智力一般，但他始終堅信自己可以戰勝困難，用正向的心態面對生活為他製造的種種挑戰，這方面是值得我們每個人仿效的。

品牌超引力四感模型的解讀已告一段落，我們能夠看出這是一個開放式的，可以無限循環下去的「遊戲」。然而，如何運用我們每個人的智慧創意出不同的四感玩法，才是更有趣味的事情。在最後，讓我們以周星馳在《食神》電影中的一個經典橋段，作為本章的結尾。

他所飾演的食神「史蒂芬‧周」在走投無路之時，與火雞一起用瀨尿蝦和牛丸重新組合創意出了「撒尿牛丸」，沒想到咬一口汁水可以噴湧而出的牛丸，竟然彈勁十足且美味。然而起初販賣結果卻不盡如人意，沒有人願意主動嘗試他們的牛丸，直到他們把價格改成免費，才有一個愛貪便宜的厭食症醫院的護理師拿走了一碗，萬萬沒想到的是，牛丸竟然被厭食症患者吃到，並治癒了全院的厭食症患者……

當護理師帶領全院的厭食症患者衝進史蒂芬‧周的攤位，準備來場免費的大餐時，卻被告知牛丸已經開始漲價了。隨之報紙鋪天蓋地地宣傳，一個撒尿牛丸竟然治好了厭食症患者，來自四面八方的食客將他們的攤位圍得水洩不通，攤位外排起了長隊。一碗牛丸的價格也被炒高了價格。

6.5 品牌超引力四感模型—上癮感

當被新聞記者採訪撒尿牛丸成功的祕訣時,史蒂芬‧周只說了幾個字:「好吃,新奇,又好玩。」隨後,他馬上將牛丸拋向空中,開始與同事打起了乒乓球⋯⋯在那個年代,我們似乎只感受到它是一部搞笑電影,但現在回頭再看,有些情節卻真的是耐人尋味!

第六章　Wow Time! 錯維的「哇噢」時刻

第七章

品牌可感知的價值評估系統

　　長久以來，人們對於品牌都有不同的看法，有些人認為品牌就是定位，有些人認為品牌就是產品，有些人認為品牌就是體驗。然而現在看來，這些說法雖有一定道理，卻存在很大的局限性，因為每個人都只看到了多維品牌價值系統的某一個維度。也可以說我們看到的，只不過是品牌的多維價值系統在平面上的投影。

　　而現在，一個更加多維的競爭世界正在逐漸清晰起來。

第七章　品牌可感知的價值評估系統

7.1 品牌價值維度的拆解

隨著人們對於商業認知的逐步提升，我們會感知到品牌能夠為消費者提供的價值，正在從最初的單一維度，逐步拓展至多維度的價值系統。那麼品牌將從哪些維度為顧客提供更多更好的價值呢？這一切應該回歸到消費者的需求之中來思考。（如果我們提供的價值，並不在消費者的需求之中，或不能夠被消費者感知，那麼這樣的價值可能是無效的。）

消費者的多維度需求

消費者的多維度需求應該如何洞察呢？馬斯洛的需求層次理論便為我們提供了極好的理論參照。馬斯洛的理論揭示了人的需求並非單一的，而是由五個層次組成：生理需求、安全需求、社交需求、尊重需求以及自我實現。他認為隨著財富的增長，人的需求會從較低的層次逐步轉移到較高的層次，但這並不意味著更高層次的需求出現後，較低層次的需求就會消失，人們往往會同時存在多個層次的需求。而在商業中，基於這五個層次的需求，我們也很容易找到與其一一對應的品牌價值維度（如圖 7-1 所示）。

觀察商業的發展史，我們可以發現，成功的品牌往往能找到消費者需求的多個維度，並在其中一到兩個維度上做深做透，達到獨特的價值主張。他們並不是在所有維度上都做到最好，而是在自己的優勢領域內不斷深化和提升，這種針對特定需求層次的專注和升維，是他們實現自我突破並贏得市場的關鍵。

7.1 品牌價值維度的拆解

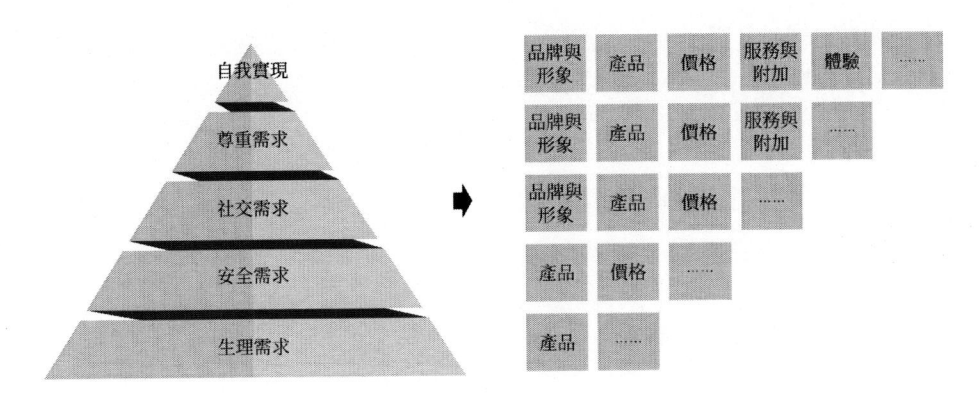

圖 7-1　馬斯洛的層次需求理論與品牌價值維度

1. 生理需求對應產品維度

　　這也是所有價值系統中最為基礎的維度，人們最初購買產品的原因，是產品可以為我們提供基礎的物質需求。例如商業早期，我們購買食品、水、衣服等，都是為了滿足自身溫飽的基礎生理需求。在這一時期，產品的基礎品質和性能顯得十分重要。你會發現很多新事物往往都是依靠出眾的性能（產品力）被注意到的，當然也不乏那些國際性的品牌。

　　談到靠產品維度受到矚目的品牌，A 品牌無人機一定是不能繞開的話題。作為科技創新的代表品牌，A 品牌在全球無人機市場占據了約 72% 的占比。A 品牌曾被譽為無人機產業的「創新狂魔」，憑藉領先的設計和技術推出了技術先進且價格親民的眾多無人機產品，使得競爭對手望塵莫及。

　　其創始人，最初是出於興趣製造一架能夠自由懸停的遙控直升機，經過多年研究，開發出了飛行控制系統原型。隨後，他帶領團隊在技術上不斷升級，推出了一系列備受市場歡迎的無人機產品，如 XP2.0 和 XP3.1 飛控系統、Ace one 直升機飛控、WooKong-M 多旋翼飛控以及具備劃時代意義的精靈 Phantom 系列。

第七章　品牌可感知的價值評估系統

極客的精神也是推動 A 品牌持續精進的原動力。在面臨困難時，A 品牌始終堅持創新精神，努力突破技術壁壘。產品不斷迭代升級也是 A 品牌能夠搶占產業領先地位的基石，在這一過程中，A 品牌憑藉出色的創新能力和豐富的產品線，在競爭激烈的市場中脫穎而出，獲得了絕對性的勝利，獲得了大量的訂單，並躍身為產業龍頭。

2. 安全需求對應價格維度

當人們的基礎需求得到滿足，安全的需求就得以顯現出來。我們渴望更加優質的產品，我們希望自己吃的食物更加健康，穿的衣服更加天然與舒適。這時候你會發現價格的高低，會將優質的產品與普通的產品區分出來。價格也是供需關係的槓桿，無時無刻不在調整消費者的購買意願。早期的市場中，我們會認為高價格對應高品質，低價格對應低品質。而現在，高品質低價已初步成為新的趨勢，有很多新進入的品牌，會藉助這一方式完成產業的逆襲之路。

Costco 從 1983 年創立至今始終保持低調，但它的價格策略，使其快速地在全球 7 個國家成功開設了 750 家分店，年收入超過 1,100 億美元，與沃爾瑪比肩，位居全球零售業的第二名。零售市場中充斥著無數競爭對手，讓 Costco 時刻需警惕。然而，Costco 所關注的並非如何賺取更多的利潤，而是盡量降低利潤，每件商品的利潤僅為 1%～14%，並且推出了無條件退貨政策，只要顧客不滿意，即使是已經使用一半的產品，也能隨時退貨。

對於競爭對手來說，Costco 已經在消費者心中占據了穩固的地位。正是這種獨特的價格策略，使得 Costco 在零售市場中脫穎而出，成為無數企業的標竿。Costco 的成功之道，源自堅持優質服務和讓利給消費者的信

念，這樣的理念才使得 Costco 在這個競爭激烈的市場中長盛不衰，被譽為「零售業的奇蹟」。

3. 社交需求對應品牌維度

人是群體性的動物，因此我們需要運用某些外在事物，來證明自己屬於某一群體，或彰顯自身在群體中的與眾不同。品牌也就應運而生。此時我們希望自己所購買的服裝，不僅僅可以保暖舒適，還需要服裝來彰顯自己的身分，和獨特品味。我們會更在意，那些有顯眼身分標籤的人物（明星、貴族等）曾經穿過同款服裝，或是服裝品牌背後所要表達的獨特的價值主張。

NIKE 作為運動服裝品牌的龍頭，與其跟 NBA 明星間的深度合作是分不開的。在 1980 年代，當 NIKE 與當時的新秀——麥可‧喬丹（Michael Jordan）簽下代言合約，推出了名為「Air Jordan」的籃球鞋，它不僅徹底改變了籃球鞋的設計和功能，更是開創了一個嶄新的市場，讓球鞋和流行文化緊密相連。喬丹在球場上的卓越表現與其獨特的風格，使得這雙鞋迅速走紅，不僅被籃球愛好者追捧，更是成為街頭潮流的象徵。

但 NIKE 並不滿足於此。隨著時間的推移，它與更多的 NBA 明星，如柯比‧布萊恩（Kobe Bryant）、勒布朗‧詹姆斯（LeBron James）等簽約，將這種與明星的合作模式進一步完善，為品牌注入了源源不斷的活力。對於大眾消費者來說，穿著 NIKE 不僅僅是為了運動，它也是一種精神的象徵與強大社交價值的展現。在這個社群媒體盛行的時代，人們更願意透過品牌來表達自己的身分和價值觀。NIKE 憑藉其與 NBA 明星的深度合作，成功地為消費者建構了一個屬於自己的社交圈。當你穿著一雙 Air Jordan

走在街上，你不僅是在展示你對籃球的熱愛，更是在告訴世界你是一個有品味並勇於追求卓越的人。

4. 尊重需求對應服務維度

尊重需求展現了個人對於自身價值、地位和成就感的關注。消費者希望透過購買和使用品牌產品時所獲得的服務，得到認可和尊重。而服務的核心已經慢慢從品牌方主導，逐步過渡到以消費者為中心的方向。在整個服務的過程中，消費者更像是主角的角色，他們希望自己能夠主導自己所享受服務的每個細節，或品牌方可以先於自己的需求而提前規劃好所有流程中的服務。

當傳統的快捷旅店還在關注於為顧客提供一個乾淨且舒適的休息場所時，A 旅館已經開始拓展它的價值創新之路。相較於傳統旅館只強調硬體上的配置，A 旅館更加注重的是顧客整體的服務體驗。

A 旅館深知，顧客在旅館的每一個接觸點都有可能塑造他們對品牌的整體印象。出於這個認知，A 旅館將服務劃分為 17 個細膩的接觸點，並在此基礎上發展了近 50 種服務產品，讓每一個細節都為顧客帶來驚喜。

例如，當顧客走進旅館，他們不會僅僅接到一張房卡，而是會被溫馨地奉上一杯恰到好處的 70℃ 的溫茶。這不僅僅是為了解渴，更重要的是為剛剛結束長途旅行的顧客帶來一絲舒適與溫暖。而在晚餐後，如果客人飲酒過多，旅館會主動為客人送上醒酒湯，讓他們在工作或社交後能夠得到良好的休息。對於那些清晨匆忙離店的客人，旅館還會提前準備打包的早餐，確保他們即使在路上也不錯過重要的一餐。而旅館內的「暖心水」服務更是讓人難以忘懷，無論顧客何時回到旅館，都能在房間內找到一瓶維持在 40℃ 的溫水，真實體驗到了旅館對客戶的細心關懷。

簡言之，A旅館率先在快捷旅店產業增加了細膩入微的服務維度，為顧客建構了一個全新且溫馨的住宿體驗，這正是它在眾多旅館品牌中脫穎而出的關鍵。

5. 自我實現對應體驗維度

體驗可以理解為一種主觀的、多感官的過程，它允許消費者透過直接參與和互動來獲取資訊，在體驗之中，消費者不再是被動的接受者，而是積極的參與者，他們可以透過體驗來獲取自己獨特的理解和全新認知。因此體驗也可以被看作自我實現的「營養素」。所以你會發現在高級的米其林餐廳中，優質的食材以及服務都不是能夠打動消費者的重要元素，富有創意性的感官體驗才是能夠引人入勝的利器。

在商業的體驗中，迪士尼樂園可謂是名副其實的佼佼者。迪士尼樂園一直以其精心設計的沉浸式體驗而聞名。它不僅僅是一個遊樂園，而是一個充滿故事和奇幻的世界，讓參觀者彷彿真的置身於迪士尼的電影和故事中。

當清晨的陽光穿過晨霧灑落在童話城堡上，彩色的旗幟隨風飄動，迎接著每一個激動不已的遊客。偶爾，你還會看到一群孩子興奮地圍在米奇、唐老鴨的周圍，渴望與童年的夥伴們來一次親密合影。

不妨跟著孩子們來到體驗一次「加勒比海盜」的快樂，享受一次特殊的旅程。你懷著激動的心情登上了等待已久的海盜船，並緩緩地穿梭於洞穴之中。傑克船長突然出現，並慷慨激昂地邀請你參與他的偉大計畫：「我們現在就去搶戴夫・瓊斯[078]的沉船寶藏！」此時，你似乎早已遺忘了自己的現實身分，成為一名久經戰場的海盜，希望與傑克船長並肩作戰。船以飛快的速度墜入深海之中，裝滿寶藏的沉船近在咫尺，巨型的烏賊突然掠

---

[078] 戴夫・瓊斯（Davy Jones）是《神鬼奇航》(*Pirates of the Caribbean*)裡的反派角色、船長之一。

第七章 品牌可感知的價值評估系統

過眼前，繼續航行片刻，耳邊慢慢縈繞起了人魚動聽的歌謠，如小山一樣的寶藏也映入眼簾。你不禁感嘆：「太棒了！」

突然！鯊魚守衛發現了你們的行蹤，並告知了戴夫·瓊斯，一場激烈的海戰在所難免。經典的電影背景音樂響起，再次睜開雙眼時你已置身於激烈的海戰中心，炮火不斷襲來，船隻快速駛過捲起的浪花打溼了你的衣服。在激烈的戰鬥之後，傑克船長獲得了最終的勝利，並成功贏得寶藏。船員們隨之歡呼起來，因為此刻的你們已經成為一名優秀的海盜。

迪士尼樂園的成功，正是源於它用心打造了這種沉浸式的遊客體驗，將遊客帶進一個個精采紛呈的故事場景。讓每一個遊客能夠身臨其境，與童話世界的人物互動，獲得高於物質的精神滿足。這一點對於基礎物質條件逐步得到滿足的現代社會而言，無疑將是未來一大趨勢。

你是幾維品牌？

當了解品牌價值維度的變化後，或許你會感嘆，自己的產業已經發展到了四維，或五維的系統，而你似乎還停留在產品與價格的二維系統之中。然而正是現在的這種「低維」的狀態，限制我們在產業中的成長軌跡。

有趣的是，即使是品牌的理念已經被廣泛地教育了半個世紀之久，大多數產業還處於產品與價格的二維世界之中，因此多數企業很容易在多維價值系統的競爭中，淪為價格戰的主力。

建構多維價值系統的目的不僅僅是與對手競爭，更重要的是幫助品牌找到其獨特的價值生態位置。這種高價值的系統能夠改變現有的市場生態平衡，使品牌在產業中獲得相對稀缺的屬性，從而脫穎而出。

成功的品牌，有著獨特的價值系統。你會發現，生命週期很長的品

牌，其成功並不僅僅取決於其市場定位或品牌形象，更關鍵的是它們所建構的價值系統模型。這種模型使它們能夠在經濟週期的波動中保持穩定，不受外部市場變化的影響，從而長期穩固地站在產業的頂端。

特定環境中的高價值系統容易打破原有的生態平衡，並造成產業中的相對稀缺屬性，從而獲得快速成長的優勢。但要實現這一點，單純地找到產品或服務的差異化是不夠的；品牌還需要鎖定一個在整個產業中獨一無二的「價值生態位」。

那麼此時你的品牌價值系統是幾維的？在不久的將來你希望它又將變成幾維？我們又將如何運用錯維建構自己獨特的價值系統呢？讓我們帶著這些疑問，繼續探討。

7.2 維度分類與分值設定

品牌價值評分系統

我們看到了多維價值的品牌世界，又懂得了維度的變化所能帶來的勢能的改變。那麼我們是否可以建構一個品牌價值評分系統，讓我們與競爭對手之間的維度多少與勢能的高低變得清晰可見，用來指引我們找到自己合適的位置，以及選擇合適錯維競爭方式，達成以強勝弱的結果？

如果我們將品牌與對手每一個維度的角逐都看成一場「田忌賽馬」，那麼包含多個維度的價值系統就可以看作一個多場次（維度）的賽馬比賽。在這場比賽中，有所有人都必須參加的一般項目，也有自願參與的附加項目。評判勝負的標準也很簡單，看誰能夠獲得更多的項目。

維度分類

參考賽馬比賽的規則，在實際的品牌價值評分系統中，我們可以將眾多維度分成3個類別：核心項、調節項與附加項（如圖7-2所示）。核心項，就如同賽馬比賽中的常規比賽，是價值系統的基礎；調節項，用於錨定競爭對手或調節與調解雙方單位價值的強弱；附加項，是需要在核心項都達成後，考慮的額外維度：

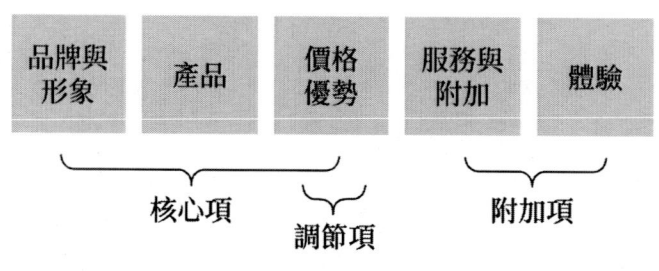

```
[品牌與形象] [產品] [價格優勢] [服務與附加] [體驗]
   核心項        調節項      附加項
```

圖 7-2　維度的 3 個類別

1. 核心項 ── 價值評分的基石

在建構一個成功的品牌價值系統中，核心項（常規比賽）無疑是最關鍵的組成部分。在我們五維的品牌價值系統中，品牌、產品和價格就屬於核心項。它們就是像整個價值系統的基石，不僅是競爭的起點，也是建構其他附加價值維度的基礎。如果這些核心項沒有得到充分的重視，那麼在其他價值維度上的任何努力都可能是一種內耗。

以北美最大的電器零售品牌 BestBuy 為例，它因優秀的服務而聲名鵲起。然而，在 2014 年 12 月退出某地市場的事件中，我們可以明顯看到核心項被忽視的後果。儘管 BestBuy 在服務方面表現得相當出色，但它沒有充分理解某地市場對價格這一核心項的極高敏感性。在某地，線下電器商

城常常透過各種促銷活動來吸引顧客,這使得大多數電器產品能以低於標價的價格售出。

而 BestBuy 忽視了這一點,繼續堅持其在北美市場的高價策略。結果是,儘管它提供了相當高品質的服務,但面對需要為同樣品牌和品質的商品支付更高價格的現實,大多數消費者還是選擇了其他競爭者。這也就導致了 BestBuy 最終不得不退出這個龐大但極具挑戰性的市場。

這個例子很好地解釋了核心項的重要角色:無論你的其他價值維度有多出色,如果核心項沒有得到妥善處理,整個價值系統都會變得不穩固,甚至可能導致失敗。這就像一場考試:除非你完成了必答題,否則即使其他選答題做得再好,最終排名也不會高。

因此,核心項不僅是品牌價值系統的基石,也是評估和建立其他價值維度的前提。沒有堅實的核心項作為基礎,其他所有價值維度都很難獲得長期和持續的成功。因此,在建構或調整品牌價值系統時,特別需要重視這些核心項,確保它們能在特定市場和環境下得到充分的發揮和認可。

此外,如果希望與特定競爭對手競爭,那麼在品牌與產品維度,都要盡可能地與之接近(甚至可以高於競爭對手),消費者才會認為你們旗鼓相當,彼此之間能夠形成競爭關係。只有構成競爭關係,我們之後的錯維方式才能夠有效進行。

2. 調節項 —— 用於錨定與調節競爭優勢

價格維度在價值系統發揮著非常特殊的作用,它既是核心項之一,同時也扮演著調節項的角色。因為消費者往往會用相同的價格去對比不同品牌的價值感受,此外價格還可以在兩者品牌與產品相同時,作為調節供

需關係的槓桿。價格就像是天平中的砝碼，不停在調節你與競爭對手的位置。

（1）錨定競爭，相同應用場景與單價的事物往往會成為競爭關係。

例如，賣場中同是 200 元客單價的餐廳，在品類方面看似差異，卻存在明顯的競爭。那麼到底是吃 200 元客單價的牛肉飯，還是吃 200 元客單價的日料？同價位中擁有高價值勢能的餐廳往往是消費者的首選。因此，如何在價格相同的情況下，使得自己的價值系統的價值高於競爭對手就成了勝出的關鍵了。

（2）價格能夠調節與同維競爭者對於消費者的供求關係。

同類同價值的商品，可以透過調節價格優勢來獲得更大的需求關係，例如，與競品同級別品牌的女包，突然在七夕情人節舉辦了半價的行銷活動，會引來一批消費者的搶購熱潮。在價值相同的前提下，更低的價格無疑會讓品牌獲得更多的競爭優勢。

然而降價看似非常簡單，但實則對於企業的要求會更高。降低價格並不是單純地打折促銷，削減產品的成本、人員薪資等。它更需要企業經營者運用合理的商業模式、產業鏈最佳化與規模經濟從根本上降低成本。因此在整個品牌的價值勢能系統中，透過降價去跟對手競爭，應該當作最後的決策來選擇。

3. 附加項 —— 提升多維優勢

在核心項條件滿足後，品牌可以加入附加項，如服務與體驗維度，這些雖然並不是消費者購買時的必要需求，但如果你與同維競爭對手競爭時，多了服務與體驗，融入的更多維度將會讓你的價值系統獲得更大

的競爭優勢。

只有當這些基礎條件滿足時，企業才有資格考慮其他附加價值維度，比如服務和體驗。

想像一下，兩家電子商務平臺都提供相同品牌和型號的智慧型手機，價格也相當。作為消費者，你可能會基於哪個平臺更便捷、快速或提供更好的客戶服務來做出購買決定。這就是服務和體驗維度進入戰場的時候。

這些附加維度，雖然可能不是消費者最初考慮的必要需求，但它們有能力極大地影響消費者的購買決策和長期忠誠度。假如一家企業不僅提供有競爭力的價格和優質的產品，還能在售後服務、使用者體驗或社群互動等方面提供卓越的表現，那麼這家企業就在多個維度上建構了其價值系統，從而具有更大的競爭優勢。

比如，亞馬遜就是一個很好的例子。除了價格競爭力和產品多樣性，它的一日送達、優秀的客戶服務和無縫的退貨政策都是附加的價值維度，這使其在與其他電子商務平臺競爭時具有明顯優勢。

因此，當核心項已經被滿足，附加的服務和體驗維度不僅能增加品牌的吸引力，還能在市場競爭中建構更為全面和持久的優勢。它們產生的作用有點像錦上添花，但這些「花」往往能在關鍵時刻發揮決定性的作用。

分值設定

在設計評分系統的分值時，我們可以借鑑田忌賽馬的規則，將每個維度分為三個不同的級別：下等馬、中等馬和上等馬，或者說，低級別、中級別和高級別。這樣的設計不僅有助於明確不同維度之間的差異，還能更準確地反映各方面的表現（如圖 7-3 所示）。

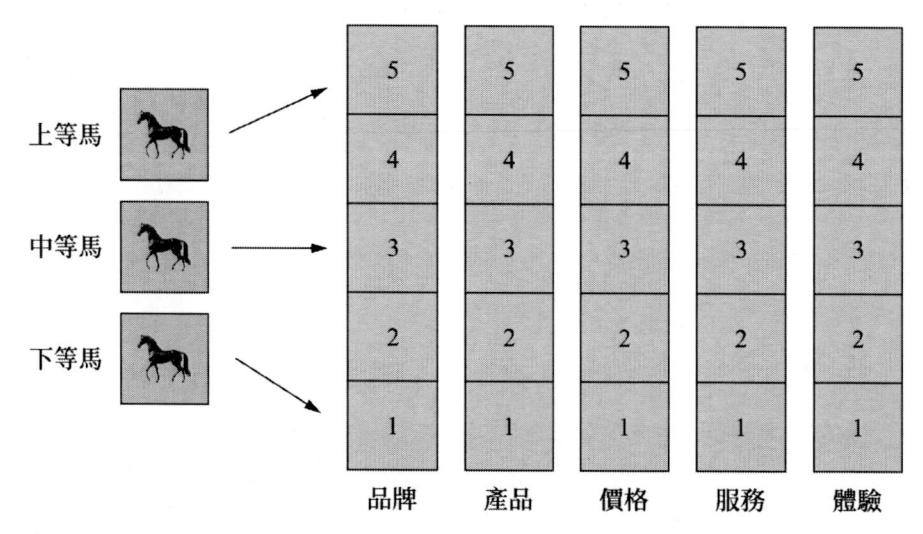

第七章　品牌可感知的價值評估系統

	品牌	產品	價格	服務	體驗
上等馬	5	5	5	5	5
	4	4	4	4	4
中等馬	3	3	3	3	3
	2	2	2	2	2
下等馬	1	1	1	1	1

圖 7-3　借鑑田忌賽馬設定的評分規則

　　每個維度均為 5 分制，在這個 5 分制的評分系統中，為了拉開各級別之間的差距，我們將分值設定為每 2 分一個級別。也就是說，1 分、3 分和 5 分分別代表低、中和高三個級別。這樣的分值設定，讓參與者或者評審更容易快速理解評分標準，從而提高評分的準確性。透過將各級別之間的分值拉開，可以更清楚地區分各級別的表現，這在評估優劣時特別有用。

　　此外，我們還設定了 2 分和 4 分這兩個「中間分值」，作為過渡分。這是因為在實際應用中，某些維度的表現可能介於兩個級別之間，或者我們可能需要靠近某個級別，但又不完全符合該級別的標準。這種時候，這兩個「中間分值」就能發揮作用，允許我們能更靈活地進行評分，同時也能更精細地捕捉到各維度之間的微妙差異。

　　因此，我們需要在某一維度上對於競爭對手有高維對低維的壓倒性優勢，即在這一維度上高出競爭對手至少 2 分；而我們也需要在某一維度中與競爭對手貼近，將該維度的分差控制在 1 分以內。

1. 品牌維度勢能評分

品牌維度中我們可以透過某一品牌在形象與知名度方面給消費者的直覺感受來作為評分的一個維度，即縣級品牌（1 分）、市級品牌（2 分）、主要都市級品牌（3 分）、全國品牌（4 分）、國際品牌（5 分）。同樣也可以從品牌背書機構或代言人，或品牌知名度來判定其評分（如圖 7-4 所示）。具體評分如下（僅供參考）。

品牌與形象	要素/分值	1	2	3	4	5
	品牌形象	縣級品牌	市級品牌	主要都市級品牌	全國品牌	國際品牌
	背書機構/代言人	縣級	市級	主要都市級	全國	國際
	區域知名度	知名度低	知名度一般	產業前七	產業前三	品類第一

圖 7-4　品牌與形象評分

2. 產品維度勢能評分

因為每個產業對於產品的等級定義不同，所以不同產業的朋友可以根據每個產業的不同屬性來制定評分，只要記住，1 分、3 分、5 分是代表三個顯著差異的級別的產品即可（如圖 7-5 所示）。

產品	要素/分值	1	2	3	4	5
	產業產品分	差	一般	中	好	最好

圖 7-5　產品評分

3. 價格優勢維度

價格維度中我們引入了價格優勢的概念，即你比競爭對手的價格的降低幅度。因為價格維度的降低，同樣能夠使得你在競爭之中獲得更高的勢能。例如，品牌與產品相同的情況下，價格優惠一半，那麼消費者可能會不假思索地選擇具有價格優勢的品牌。與其他評分不同，價格優勢是一個

相對的概念，因此需要以競爭對手作為參考系。如果我們先對競爭對手競爭進行評分，可以將競爭對手的價格優勢評分設定為 0，以便於後期進行自身評分（或價格優勢升維）時，作為衡量的基準。

透過靈活地運用價格優勢，品牌不僅可以在短期內吸引更多消費者，還可能在更長的時間範圍內建立起更強大的市場地位。這裡我們給一個價格優勢勢能的評分值，供大家參考使用。使用者也可以根據自身產業的實際情況，調整評分的數值，但切記 1 分、3 分、5 分是代表三個顯著差異的級別（如圖 7-6 所示）：1 分，較競爭對手價格低 0%～10%；2 分，較競爭對手價格低 20%～40%；3 分，較競爭對手價格低 40%～60%；4 分，較競爭對手價格低 60%～80%；5 分，較競爭對手價格低 80%～100%。

	要素/分值	1	2	3	4	5
價格	價格優勢	0%～10%	20%～40%	40%～60%	60%～80%	80%～100%
	要素/分值	-1	-2	-3	-4	-5
	價格優勢	0%～10%	20%～40%	40%～60%	60%～80%	80%～100%

圖 7-6　價格評分

反之，-1 分，較競爭對手價格高 0～10%；-2 分，較競爭對手價格低 20%～40%：-3 分，較競爭對手價格高 40%～60%；-4 分，較競爭對手價格高 60%～80%；-5 分，較競爭對手價格高 80%～100%。

4. 服務維度勢能評分

服務維度中我們給一個初步的評分標準供大家參考，大家也可以根據自身產業的特性來調整每個評分的數值（如圖 7-7 所示）。

1 分：基礎的服務，幾乎感覺不到品牌方的服務內容。

2 分：熱情且被動的服務，能夠對客戶表達熱情，但只有客戶向你提

出訴求，你才會提供相應的服務。

3 分：主動型服務，你會主動向消費者詢問其所需訴求，讓消費者感覺到他是被尊重的。

4 分：尊貴感服務，消費者所有遇到的問題你都會提前做好準備，讓客戶主導服務，而不是把服務硬塞給他，讓客戶感覺到尊貴感。

5 分：極致的服務，客戶能夠感受到尊貴感，且客戶都能夠獲得產品之外超越預期的服務。

服務	要素/分值	1	2	3	4	5
	產業產品分	差	偏差	中	好	最好

體驗	要素/分值	1	2	3	4	5
	0分為極差	差(幾乎無體驗)	偏差	中	好	最好

圖 7-7　服務與體驗評分

5. 體驗維度勢能評分

體驗維度中我們給一個品牌線下空間的評分標準，供大家參考。在不同商業環境中，體驗的差異性會比較大，大家也可以根據自身產業的特性來調整每個評分的數值（如圖 7-7 所示）。

1 分：基礎場景，整潔乾淨的場景。

2 分：細節展示與產品拆解，能夠將產品製作的細節進行展示或將產品進行拆解展示。

3 分：鮮明的主題，體驗的環節，例如動物園主題的咖啡。

4 分：主題＋文化融合，品牌主題（硬體）與文化（軟體）能夠完美地融合在一起，例如很多主題的博物館。

5分：沉浸式互動，品牌會提供一種沉浸式的體驗，讓消費者不僅僅是觀察者，還是參與者。例如，在密室逃脫遊戲中，消費者不僅可以體驗到遊戲的樂趣，還可以沉浸式地與環境或 NPC 進行深入的互動。

錯維方法的示範

掌握了各維度的分值設定，那麼錯維的方式如何在評分中呈現，我們自然也需要了解一下。

1. 超維

在第 3 章中，我們了解到了超維的概念，即特定維度顛覆性地迭代後，所產生的新的評判標準（如圖 7-8 所示）。

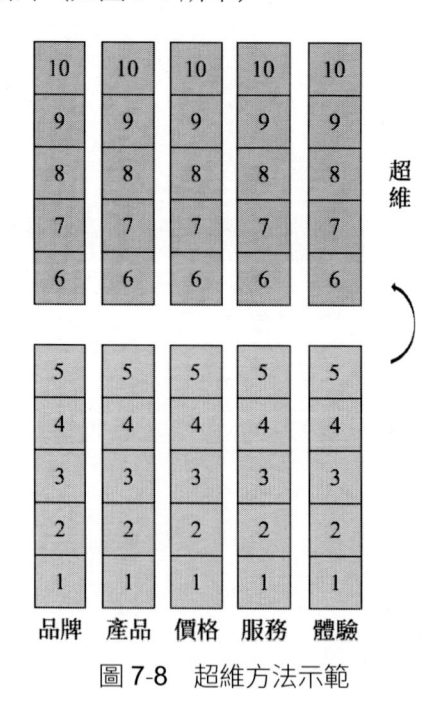

圖 7-8　超維方法示範

7.2 維度分類與分值設定

2. 增維

比競爭對手增加某一價值維度的新變數（如圖 7-9 所示）。

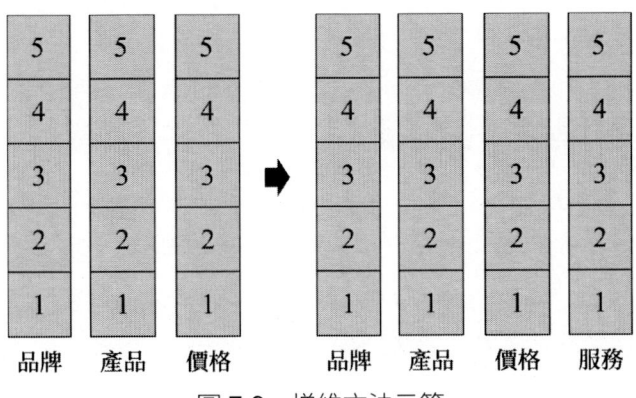

圖 7-9　增維方法示範

3. 升維

單一維度中，每提升一個級別，都可以理解為一次升維（如圖 7-10 所示）。

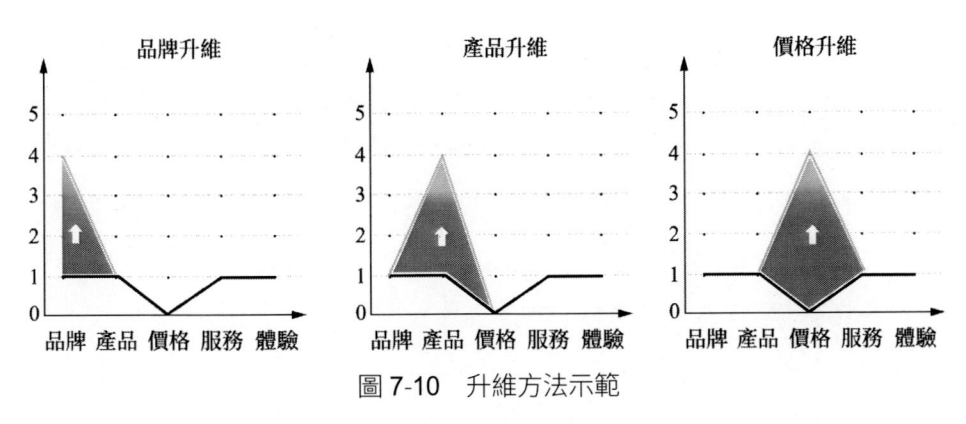

圖 7-10　升維方法示範

你會發現，在了解評分系統所包含的維度、分值以及錯維方式的應用之後，我們可以在一個圖表中清楚地表現競爭雙方在每個維度中勢能的強

弱關係。以此來引導我們正確地應用錯維的方式與競爭對手展開競爭。如果說知己知彼百戰不殆，那麼成功的關鍵就是要從客觀地評估競爭對手，以及清楚地評判自己開始。

7.3 競爭錨與競爭對手評估

每個事物的崛起都離不開優秀的對手，而商業的發展同樣離不開競爭。《全球上癮》（*The Global Addiction: How Coffee Shaped the Modern World*）是一本講述咖啡歷史的書，作者海因里希・愛德華・雅各布（Heinrich Edward Jacob）在書中詳細描述了咖啡如何攪動人類歷史。咖啡在文藝復興時期出現並傳播到歐洲，成為一種新的文化飲品。當時，歐洲人喜歡用紅酒來提神，但咖啡的出現為他們帶來了一種全新的選擇，因為它不僅提神，還有助於保持清醒。咖啡的受歡迎程度越來越高，它逐漸取代了酒精飲料，成為歐洲的主流飲品。

同樣，成功的品牌也一定離不開同樣優秀的對手。在商業領域，競爭是推動產業進步和創新的重要動力。在碳酸飲料市場中，可口可樂和百事可樂透過互相競爭，逐漸形成了兩者各具特色的產品線。為了獲得市場占有率，兩家公司在產品創新上從未停歇，努力滿足消費者日益多樣化的需求。它們的競爭使整個碳酸飲料產業不斷追求更高的品質和口感，並共同做大了碳酸飲料在飲料消費場景中的占比。

7.3 競爭錨與競爭對手評估

競爭相對論與競爭錨

在錯維的概念中,維度的變化與勢能的強弱為我們提供了一個新視角。這一概念可以被稱為「競爭相對論」,其靈感取自愛因斯坦的物理學理論 —— 相對論。在商業版圖裡,勢能不是固定或絕對的;它是相對於你選擇的競爭對手而變化的。選擇一個強大的對手會使你面臨龐大壓力,但也可能促使你做出更大的努力和創新,從而促使你不斷地升維或超維。反之,選擇一個弱小的對手可能會使你輕鬆獲取短期收益,卻容易陷入自滿和停滯不前。

這種思考框架引出了一個新的概念,即「競爭錨」。這個概念強調了環境和對手選擇對品牌未來發展的決定性影響。競爭錨並非一成不變,而是一個動態的行為。隨著市場環境和內外部條件的變化,品牌需要適時地調整其競爭錨定的對手。這是因為沒有一種「萬能錨」能適應所有競爭環境;相反,應根據具體情況靈活選擇和調整。

競爭對手評估

有了競爭對手,你可以更準確地評估市場的成熟度、潛在消費力和商業模型的可行性。這種相對定位為你的整體策略提供了清楚的方向,幫助你避免從「0 到 1」的創新風險,或者說,避免在沒有既定模式的情況下盲目創新。相反,在現有成功模式的基礎上進行最佳化和調整,通常會更加高效,也可能會更成功。

當然,競爭對手也會有類別的區分,我們可以將競爭對手分為三類,即高維競爭對手、直接競爭對手與潛在競爭對手,它們在我們的商業競爭過程中都發揮了非常重要的作用。

第七章　品牌可感知的價值評估系統

1. 高維競爭對手：同品類高維，不同品類具備高價值優勢的對手

「高維競爭對手」是指各維度的勢能都遠高於你，或具有更優價值系統模型的品牌。它們或許跟你並非同一產業，但對於你的品牌有很好的參考與借鑑作用；它們現在並不是你直接的對手，但很可能是你未來需要直接面對的終極挑戰。

以音樂串流媒體市場為例，當我們談論 Spotify[079] 的競爭對手時，我們不僅會提到 Apple Music（蘋果音樂服務）、Amazon Music（亞馬遜線上音樂播放軟體）等同類產品，也會考慮到 YouTube 等提供音樂內容的社群媒體平臺。這些平臺不僅擁有龐大的使用者基礎，而且在內容創新、使用者體驗等方面具有很高的勢能，因此可以被視為 Spotify 的「高維競爭對手」。

對於品牌而言，理解並分析高維競爭對手的成功因素和價值系統，可以幫助品牌更好地掌握產業趨勢、創新以及提升自身的競爭力。同時，也可以引導品牌跳出原有的維度，從更全面的角度思考自身的商業模式和價值組合。此外，提前思考品牌未來將如何與高維競爭對手在同環境中競爭，也是必不可少的。

2. 直接競爭對手：同環境，同場景，同品類

顧名思義，直接競爭對手是指在同一市場、針對同一消費族群提供相同或類似產品（或服務）的企業（或品牌）。例如智慧型手機市場的 Apple 和三星。它們的產品都是智慧型手機，不僅類似且針對的消費族群也相同。

---

[079]　Spotify 是一個正版串流媒體音樂服務平臺，2008 年 10 月在瑞典首都斯德哥爾摩正式上線。

7.3 競爭錨與競爭對手評估

多數時候，直接競爭對手就是我們當前錨定的競爭者。因此如何客觀地分析其價值系統成了運用錯維競爭的核心。

3. 潛在競爭對手：同環境中，同場景

在同一消費場景或同一消費人群中，來自不同品類的品牌也可能成為潛在的競爭者。這種競爭者被稱為「非同品類競爭者」或「間接競爭者」。它們可能提供的產品或服務和你的品牌完全不同，但由於它們滿足了特定消費族群對於相同消費場景的需求，因此它們有可能成為你品牌的潛在競爭者。

就比如，健身房和室內運動設備品牌可能被視為同場景、同人群的非同品類競爭者。儘管它們提供的產品和服務在本質上是不同的。健身房提供的是一個設備齊全的健身環境和專業指導，室內運動設備品牌則提供的是可以讓消費者在室內進行運動的設備。然而，它們可能都是為了滿足同一消費人群的健身場景需求。無論是在健身房鍛鍊，還是使用室內運動設備進行鍛鍊，消費者的目標都是保持健康，增強體質。因此，儘管它們提供的產品和服務不同，但在滿足消費需求這一點上，它們卻是競爭關係。

在諸多競爭環境中，有時你可能會因為沒有找到直接競爭對手（同類競爭者），而沾沾自喜。殊不知，潛在的競爭對手正在你的周邊躍躍欲試，它們正在與你爭奪同一人群的同一消費場景。因此在某一環境中，不僅需要考慮直接競爭對手，對於相同場景的潛在競爭對手的價值系統評估也是不容忽視的。簡而言之，潛在競爭對手其實也是另一類「直接競爭對手」。

針對錨定競爭對手的價值分析與可能錯維的方式思考

在商業領域中，每當一個新的產品、服務或者商業模式出現時，它通常不會立刻達到最完美的狀態。這是因為創新通常會帶來一些新的問題或挑戰，需要時間去解決與改良。而且，創新往往也需要面對市場的接納過程，早期的市場回饋和使用者體驗也會對創新產品的改良提供重要的指引。這就為後來的競爭者提供了改良這個新事物的空間。

我們假設在某一個特定環境中，我們錨定某一競爭對手，它的價值系統評分品牌 4 分，產品 2 分，服務 1 分，體驗 0。價格優勢是相對概念，競爭對手對於自己的價格優勢為 0。

這樣就得到可以在其之上做價值提升的空間，如圖 7-11 中綠色部分所示，那麼我們就針對每個維度的評分情況進行思考。

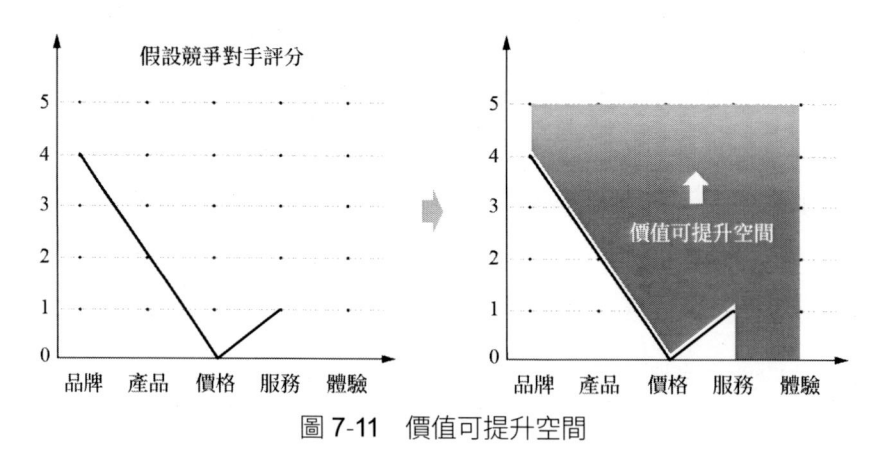

圖 7-11　價值可提升空間

（1）品牌維度：錨定競爭對手的品牌力已經比較強勢，而且無法在 4 分之上擁有高出 2 分的優勢。因此建議在品牌維度上盡可能貼近競爭對手。

（2）產品維度：由於產品維度，競爭對手僅有 2 分，因此存在產品升維的可能性。

（3）價格維度：當品牌與產品維度與競爭對手貼近時，可以考慮價格優勢的升維。

（4）服務維度：服務維度僅有 1 分，因此在核心項的分數貼近或優於競爭對手評分的基礎上，可以考慮服務的升維。

（5）體驗維度：可以選擇增維的方式，增加體驗維度。

7.4 自我評估與競爭決策

自我評估

在完成對競爭對手的評分，並充分了解如何與其進行錯維競爭之後，接下來我們要做的事情就是自我評估。在價值系統中，品牌進行自我價值與競爭對手價值的評估同等重要，它能夠很好衡量敵我之間勢能的強弱關係。然而，由於「當局者迷，旁觀者清」，企業往往難以完全準確地評估自己。創業者和管理層可能會受到自己的先入之見或「執念」影響，這樣的主觀因素有時會妨礙他們真正準確地感知市場和競爭環境。

企業或品牌方可以自己設定評分標準，或邀請產業的朋友共同討論價值系統中的評分標準。但在做自我價值系統評估時，引入第三方的評估變得尤為關鍵。這些第三方可以是企業界的朋友、產業專家或者目標客戶。他們從一個更為中立和客觀的角度，有助於為品牌提供更準確的價值評估。他們不受品牌內部文化、情感或其他偏見的影響，因此更可能給出與市場現實情況接近的評價。

競爭決策

1. 直接競爭

當我們各維度價值都不低於競爭對手,且某一維度評分高於競爭對手 2 分以上或比競爭對手多一個維度以上的價值時,這說明我們的品牌較錨定的競爭對手,具備錯維的壓倒性優勢(如圖 7-12 所示)。

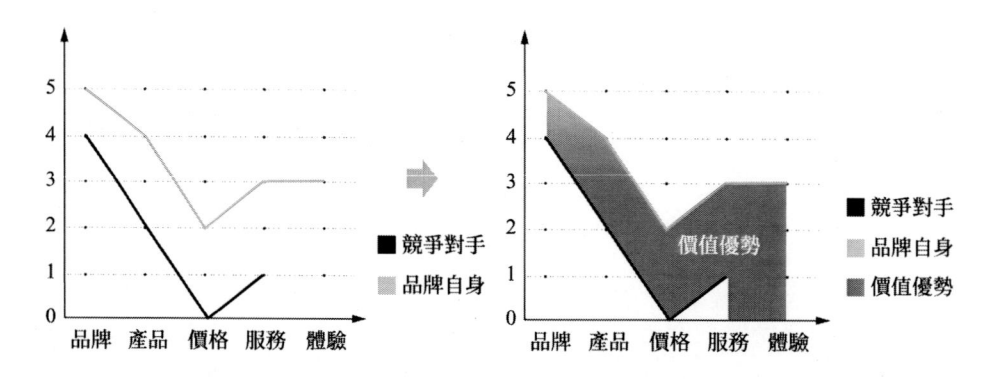

角色/分值	品牌	產品	價格	服務	體驗
競爭對手(假設)	4	2	0	1	0
自身(假設)	5	4	2	3	3

圖 7-12　直接競爭

2. 錯維調整後競爭:錯維路徑思考

多數出現在同維競爭的環境中,品牌透過錯維的方式挑戰自己的維度分值,達成錯維態勢的目的。即形成高維對低維,多維對單維的不對稱競爭態勢(如圖 7-13 所示)。這一情況中,品牌與競爭對手各維度的評分差異並不大,應選擇在某些維度上進行升維(或增維),從而達到錯維競爭的目的。

7.4 自我評估與競爭決策

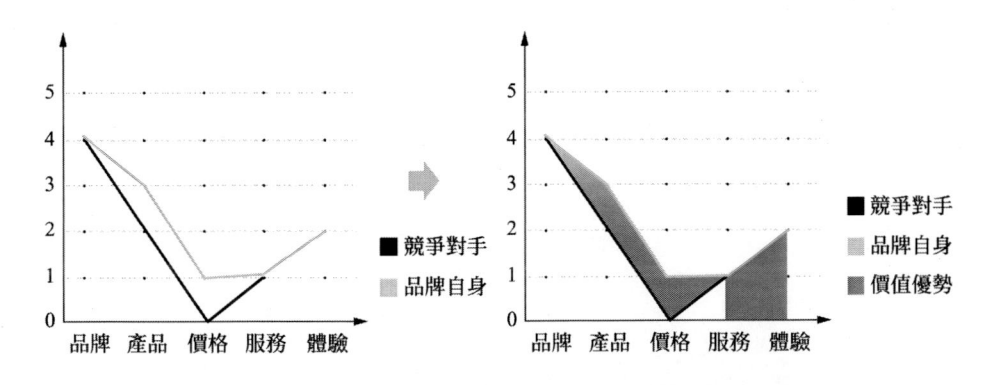

角色/分值	品牌	產品	價格	服務	體驗
競爭對手(假設)	4	2	0	1	0
自身(假設)	4	3	1	1	2

圖 7-13　錯維調整後競爭

　　在價值系統的錯維競爭中，並非價值越多或越高越好，因為企業需要搭配價值的投入更多，可能會導致成本與價格的提升，恰到好處的價值系統配置是一種藝術。在品牌創業之初，企業由於實力較弱，因此在每個維度中都沒有高維的優勢，這就需要企業不斷地自我提升（升維、增維等），再用提升後的優勢與特定環境中更弱的競爭對手對抗，逐步累積更多優勢或資源，為日後的進一步自我提升打下基礎。

3. 放棄競爭

　　在各個維度升維的情況下其價值分值不能高於競爭對手（或有明顯差距），且在價格維度也拉不開明顯優勢時，應放棄與你的競爭對手競爭（如圖 7-14 所示）。這說明你的實力對於競爭者而言還未達到壓倒性的優勢。

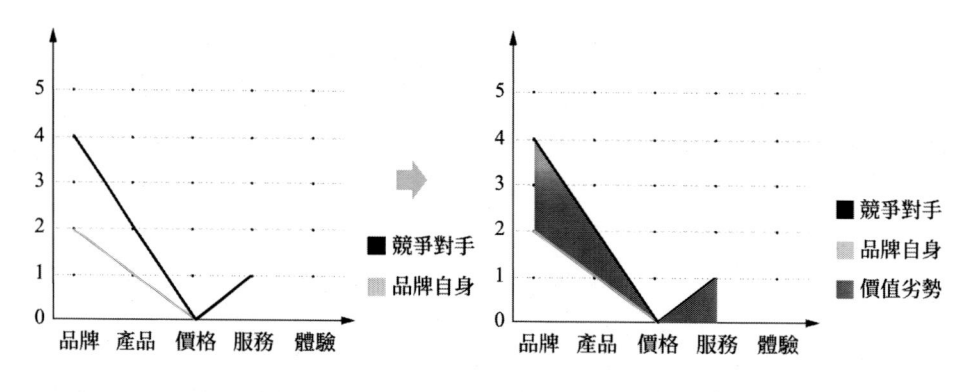

第七章 品牌可感知的價值評估系統

角色/分值	品牌	產品	價格	服務	體驗
競爭對手(假設)	4	2	0	1	0
自身(假設)	2	1	0	0	0

圖 7-14　放棄競爭

因此，你需要重新思考自身選擇的競爭環境，重新尋覓比自己更弱的競爭者，就像我們在第 2 章所講到的，企業（或品牌）的成長是一場「大魚吃小魚」的遊戲。當然還有其他的方式可以達成，就是尋找能夠補足自身價值系統的人員或團隊，但這種方式對於創業者的個人魅力與領導力是一個極大的挑戰。

7.5 制定適合自己的價值評分系統

維度拆分

由於每個產業與競爭環境的變化，競爭的維度與分值的設定都是可變動的。因此，本章中提及的維度並非一成不變的，我們每個人都可以按照自身產業的現實情況來制定自己的品牌價值勢能評分模型。其實，在競爭

7.5 制定適合自己的價值評分系統

的過程中，每個維度還可以進行更加細膩的拆分。例如：品牌維度可以繼續拆分，知名度、品牌形象、空間體量等，都是能夠拆分的要素。體量的大小同樣能夠影響品牌的勢能。因為多數時候，消費者很難深入評估企業的具體實力，他們會根據品牌門市所展示的形象，比較直覺地去衡量你與同類競爭者的強弱關係。比如，一般的小吃店可能只有幾十平方公尺，而美食廣場與小吃街的面積則是從數百平方公尺到幾千平方公尺不等，那麼美食廣場的體量勢能（吸引力）就遠遠高於單純的小吃店。如果再將體量擴大一些呢？相信 2 萬平方公尺的「超級文和友」早已給了我們答案。

產品維度中，每個組成產品的單元都可以看成一個獨立維度。能夠將產品的單元拆分得越細，越能夠感知到自身產品與競爭對手的優劣關係。例如在電動車產業中，「外觀」關乎設計美感和品牌形象，而消費者的初印象往往來自「三電系統」，即電池、電機、電控，構成了車輛的技術核心，決定了性能與續航；進入車內，「汽車內飾」為乘客提供舒適與便捷，影響整體使用體驗；而「底盤與懸吊」則直接涉及行駛的穩定性和操控感受；「車機系統」整合了娛樂、導航和安全功能等。

服務維度可以拆分為產品之內的服務與產品之外的服務（也可稱為附加價值）。附加服務不僅可以用相對合理的成本，增加價值系統的勢能，還能夠運用軟性情感連接，增強與客戶的黏度，甚至能夠產生更好的行銷效果。例如，咖啡店在辦理儲值咖啡會員卡時，不再贈送過多的金額或實物禮品，而是透過贈送不同咖啡豆的品鑑活動或咖啡製作的體驗課程達到促銷的目的。再者，二手豪車的平臺，在客戶購車後，開始為客戶提供豪宅的深度保潔、代辦家宴、私人高級旅遊安排、高級服裝訂製、藝術培訓等免費的附加服務，與客戶深度連接的過程，還能很好達成高階圈層的轉介紹。

第七章　品牌可感知的價值評估系統

　　品牌的體驗是一種全方位的感知，涵蓋了人類的 5 種感官：視覺、聽覺、嗅覺、味覺和觸覺。例如，當我們談論視覺時，不得不提到愛馬仕代表性的橙色或 Tiffany 引人入勝的經典藍；而在聽覺方面，有些品牌利用特定的音樂或音效，如英特爾（Intel）的代表性「噔，噔噔噔噔」音樂，為顧客帶來即刻的品牌聯想；進入一家五星級飯店或某個奢侈品牌的店鋪，那特有的香氛——嗅覺的體驗，常常能讓人瞬間放鬆，沉浸其中；而說到味覺，不得不提及肯德基那始終如一的炸雞，它已成了許多人舌尖上的回憶；此外，當我們談及觸覺，那些有著高級質感的物品，如 RIMOWA[080] 的鋁鎂合金行李箱，都會給人難以忘懷的感觸。

評分調整

　　由於所處的產業與環境的差異，每個創業者都可以根據自身所處產業的標準重新設定各個維度的評分標準。比如價格維度，每個產業消費者對於各維度的評分的敏感度是不同的，需要依據你自身的產業來調整評分。就像黃金製品，每調整 1 元都會產生明顯的價值優勢，而在一些高級服務型產業，每一級別的差距甚至都是倍數級別的。但需要遵守的是 1 分、3 分、5 分需要有明顯的級別差異，以便於後續評判該維度，是否具備可升維的空間。

---

[080] RIMOWA 是全球領先的旅行箱品牌，旗下旅行箱均使用鋁鎂合金和高科技聚碳酸酯材料打造，並且是少數仍然在德國進行製作工序的旅行箱企業之一。

多融入新變數

　　錯維競爭是一個無限的遊戲 —— 一個不斷拆解舊維度與洞察新維度的過程。當然，這無疑也是個充滿趣味的過程，值得我們每個人和每個企業持續探索。對於品牌而言，成功並不僅僅是在已知的維度上做得更好，而是能夠尋找到那些被忽視或未被充分挖掘的維度。這樣，品牌可以在新的維度中建立自己的優勢，甚至可能開創全新的市場空間。對於產業而言，不斷融入新的變數，也能夠為市場帶來全新的活力。此外，釐清新維度的分類（核心項、調節項與附加項目）也是同等重要的事情。

第七章　品牌可感知的價值評估系統

第八章

案例解析:以錯維視角看產業競爭

　　回看眾多品牌的成長歷程,你會發現諸多錯維競爭的影子,以及借勢與造勢的蹤跡。除了品類的機會之外,品牌更多的是找到自己在目標場景下的價值生態位置。透過其創造更高與更多維的價值,探索其在產業中的成長空間。

8.1 電動車產業的群雄逐鹿

特斯拉——電動車的崛起之路

從一無所有到市值過兆美元，微軟、Google、蘋果均用了幾十年的時間，而美國新能源汽車企業特斯拉卻只用了 18 年。特斯拉之所以在短時間內獲得極大的成功，主要取決於它合理地運用了產品超維、販賣空間錯維以及價格升維。特斯拉的「驚喜」總是打得我們措手不及，就像業內有句話，不分享利潤不分享技術，除了納稅，一切屬於特斯拉（如圖8-1所示）。

圖 8-1　特斯拉 Model S[081]

在那個燃油車盛行的年代，特斯拉腳底踩著高蹺做起了電動車銷售。一些企業抱著看熱鬧的心態圍觀特斯拉 CEO 馬斯克先生在「一片貧瘠的土地上」試錯，未承想特斯拉特立獨行地一路狂飆到現在。在經過了近 20

---

[081] 官網：www.tesla.com/models

8.1 電動車產業的群雄逐鹿

年「咀嚼著玻璃凝視深淵」的生活之後,馬斯克已成為電動車時代最重要的推動者。

然而,縱觀特斯拉的發展歷程,其本質就是一場電動汽車與燃油汽車的競爭歷程。當我們更深入地理解這個過程,不難發現它實際上也是「錯維競爭」的一個縮影。

1. 產品超維,從燃油車時代到電動車時代

從超維的角度來看,特斯拉電動車對傳統燃油車的突破和革新可以說是一次重要的超維。特斯拉電動車不僅改變了傳統汽車產業的能源使用方式,還在多個維度上實現了創新,從而在汽車市場中獲得了顯著的競爭優勢。特斯拉電動車最明顯的超維之處在於其對能源的使用。傳統燃油車依賴於化石燃料,而特斯拉電動車則採用了清潔、可再生的電能。這種能源轉變不僅降低了對環境的影響,還有助於減少對石油資源的依賴,提高能源安全,降低了用車的成本。

智慧化:特斯拉電動車在車用智慧系統上也實現了超維。透過採用先進的自動駕駛技術,特斯拉打破了傳統汽車駕駛方式的局限。而且,特斯拉的車用資訊娛樂系統也具有強大的網路功能,為使用者帶來更為便捷的外出體驗。

2. 對標超跑,突顯價格優勢

特斯拉最早紅起來的原因之一,確實是因為其電動汽車在性能上對標了超級跑車,尤其是在加速度方面,同時售價卻遠低於傳統超跑。這讓特斯拉在消費者心中形成了極具吸引力的形象,也讓更多的人開始關注和接受電動汽車這一新興技術。

第八章　案例解析：以錯維視角看產業競爭

特斯拉早期推出的 Model S 就展示了其驚人的加速性能，其頂級版本 P100D 在短短 2.7 秒鐘內就可以完成 0～100 公里／小時的加速，這在當時堪稱超越了許多頂級燃油跑車。這種出色的性能讓特斯拉受到了廣泛關注，尤其是對於追求速度與刺激的消費者而言，特斯拉電動車開始與超級跑車畫上了等號。

價格方面，特斯拉並不滿足於獲得超級跑車的超額回報。特斯拉 Model S 的售價雖然高於同級別的傳統豪華轎車，卻是傳統超級跑車幾分之一的價格。這意味著消費者可以以相對較低的價格，體驗到超級跑車級別的性能。這種高 CP 值使特斯拉的產品更具競爭力，也讓許多消費者更願意嘗試這種新型交通工具。

3. 販賣空間錯維，從郊區經銷據點到城市中心

從銷售管道的選址來看，特斯拉成功地顛覆了傳統的汽車銷售模式，很好地運用了空間錯維。與一般的經銷據點與維修中心通常選址於城市郊區不同，特斯拉選擇將其專賣店設在大型購物中心或市區的核心地段。

傳統經銷據點與維修中心通常設在郊區，不僅距離遠，還常常需要預約、漫長的等待和複雜的購車過程。特斯拉的這一招則將購車體驗簡化到了極致，人們在購物或娛樂的同時能輕易地走進特斯拉的展場，了解產品，甚至直接完成購買。這不僅降低了購車的門檻，還縮短了客戶決策週期，使得汽車真正變得像民生用品一樣便捷可及。

4. 價格升維，動態降價，Model 3 降價

由於特斯拉將電車技術開源的緣故，導致了產業湧入大量的競爭者，這些競爭對手也在不停地最佳化產業的價值系統。因此競爭品牌與特斯拉

在品牌、產品等維度的分值的差距變得越來越小，特斯拉無法拉開 2 分的差距。加之競品（眾多品牌）的價格遠低於特斯拉的初始車型 Model S、Model X，這使得特斯拉的價值系統優勢變得比較微弱，進而使特斯拉逐步陷入同維競爭的窘境（如圖 8-2 所示）。

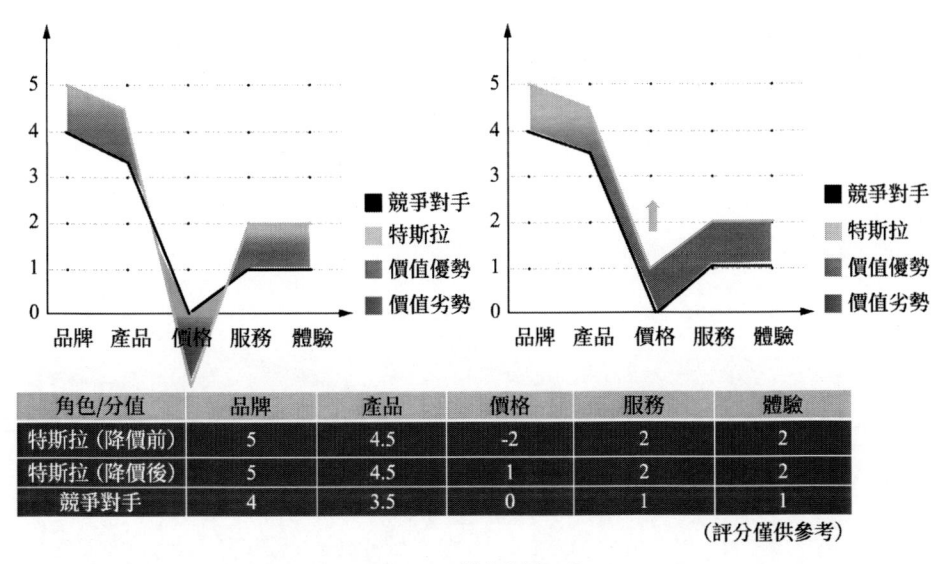

角色/分值	品牌	產品	價格	服務	體驗
特斯拉（降價前）	5	4.5	-2	2	2
特斯拉（降價後）	5	4.5	1	2	2
競爭對手	4	3.5	0	1	1

（評分僅供參考）

圖 8-2　特斯拉評分

為了獲得更多的價值優勢，特斯拉引入新系列產品 Model Y、Model 3，並將新款車型的價格設定得更低，甚至採用了循環降價的方式，不斷讓自身在同級別車型中獲得更高的價值勢能優勢，由此帶動整體的銷量繼續提升。

5. 更多維的競爭格局

當所有品牌車商還在為自己車輛的電池續航，以及車內智慧化設計沾沾自喜的時候，特斯拉的 FSD 智慧駕駛系統已快完成資料收集以及 AI 模

第八章　案例解析：以錯維視角看產業競爭

型的訓練測試。正如馬斯克不屈的個性，特斯拉正不斷以超維與增維的方式引領著電動汽車產業。

比亞迪 —— 世界新能源的新晉霸主

如果要問特斯拉的強勁對手是誰，比亞迪一定排第一。作為新能源的新晉霸主（如圖 8-3 所示），比亞迪在 2022 年的總銷量高達 162.8 萬輛，市值已突破億萬元，一舉成為全球汽車領域市值第三名。人們不禁發出連聲驚嘆，直呼下一個電動汽車的「領頭羊」即將誕生。比亞迪不管產品、技術，還是行銷方面，都力求極致的專精。

圖 8-3　比亞迪 [082]

在外界看來，比亞迪最厲害的是車的性能，但業內人士卻認為，比亞迪最強的或許是其他企業想學而學不到的。電動車最重要的零件是什麼？

---

[082]　照片。

8.1 電動車產業的群雄逐鹿

當然是三電系統,比亞迪是當前汽車企業市場中,極少數能夠進行自主研發電池、電機、電控的一家車商。其中,刀片電池也是比亞迪被市場熱議的技術之一。它具有較高的能量密度,這意味著電池體積更小但能量輸出更高。這對於電動車輛非常重要,因為它允許更大的行駛里程,同時減少電池的體積和重量。多年的技術和經驗累積,比亞迪把電動車的核心技術全部牢牢地掌握在手中,使其新能源車既擁有了核心技術壁壘,又兼顧了可控的成本優勢。

在推出電動車的同時,比亞迪的混動車型也同樣獲得了不錯的成績。混動車型是介於電動車與燃油車的中間產品。它巧妙地融合了燃油車和電動車的優勢,不僅提升了燃油效率,還減少了碳排放。在城市低速行駛和停車時,車輛主要依賴馬達,從而減少燃油的使用並減輕環境負擔。此外,混動車在長途行駛中能夠使用引擎,消除了電動車面臨的充電和續航里程焦慮問題。這樣,無論是在城市短途還是在高速長途行駛,混動車都展現出極高的適應性和經濟效益,成為一種綜合性能出色的交通選擇。

說到銷量,比亞迪除了產品的技術積澱,把「親民」作為市場的定位是它拉進與特斯拉距離的又一思考策略。當特斯拉售價還在 250 萬元左右時,比亞迪主要關注於下沉市場的使用者需求,將新能源車的價格定位在 100 萬～ 150 萬元,獲得了更廣闊的受眾。此外,優秀的車機融入了娛樂的內容,甚至將「卡拉 OK」都搬進了車中,一下子打破了車只是交通工具的定義。

如今,比亞迪在國際市場中的優勢也正在顯現。想像一下,幾年前,誰會認為這家汽車製造商能夠超越日本龍頭豐田和德國權威 Volkswagen,成為乘用車市場的銷量冠軍?更別說是在全球一躍進入銷量前十名,超越了像 Mercedes-Benz 和 BMW 這樣的豪車品牌。其新車銷量同期相比成長

第八章　案例解析：以錯維視角看產業競爭

達到了驚人的 96%，這一數字更是讓業界震驚。

這一切都證明了比亞迪不僅是新能源汽車的代表品牌，更是全球汽車工業中的一股不可或缺的新生力量（如圖 8-4 所示）。在這個多元化和全球化的世界中，比亞迪的成功不僅僅是一家企業的成功，更是一種東方的經營哲學的展現。

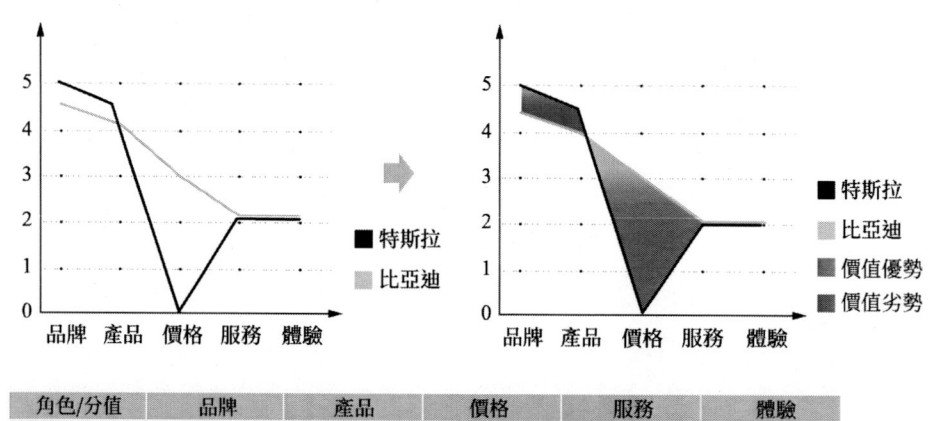

角色/分值	品牌	產品	價格	服務	體驗
特斯拉	5	4.5	0	2	2
比亞迪	4.5	4	3	2	2

（評分僅供參考）

圖 8-4　比亞迪評分

蔚來 —— 借勢而為的新興龍頭

特斯拉從 2003 年成立後花了整整 12 年時間才達到了產量十萬輛的目標，而 2021 年 10 月，蔚來（如圖 8-5 所示）後來者居上，僅用一半時間就實現了「十萬輛」的突破。因為它在特斯拉將市場供應鏈、配套產品等做成熟後就無須再花更多的時間去開拓市場，向消費者宣傳電動汽車的功能，這種情況下，僅需跟隨，借勢而為，當然省去了不少人力、物力，短時間內就可做到產業龍頭的成績。

圖 8-5　蔚來 ET5T[083]

1. 品牌升維

蔚來汽車的崛起與其首款車型 EP9 的造勢有著密不可分的關係。在蔚來汽車還是一個相對未知的新興品牌時，EP9 概念車的發表不僅是蔚來品牌的一次完美的亮相，更是一次技術與實力的展示。

在 2017 年，蔚來 EP9 在德國紐柏林（Nürburgring）賽道上，用 6 分 45 秒 9 的時間就跑完了一圈，這一成績打破了當時該賽道上量產電動汽車的最快紀錄。這一事件立即引發了全球關注，不僅在汽車界，還在更廣泛的消費者群體中產生了深遠影響。蔚來以此向世界宣告，它們不僅僅是又一個電動汽車製造商，還是有能力與頂級超跑品牌一較高下的企業。

紐柏林賽道，這條坐落在德國深林之中的賽道，被認為是全球最具挑

---

[083]　照片。

第八章　案例解析：以錯維視角看產業競爭

戰性的駕駛試煉場。當一輛汽車在這裡創下最快的單圈紀錄，那不僅是對它的動力、懸吊和操控性的最高嘉獎，也是對品牌背後工程和設計團隊年月努力的最好回報。獲得這樣的紀錄就像在汽車界贏得了一枚奧運金牌，對於蔚來品牌而言，這無疑是一次有效的升維。它不僅讓人們記住了這個品牌，還讓其在激烈的市場競爭中占有一席之地。

EP9 的高性能和高售價也明確了蔚來汽車的市場定位。這種定位吸引了一批尋求創新和獨特性的購車者，為蔚來後續車型的推出鋪平了道路。儘管 EP9 並不是面向大眾市場的產品，但它成功地為蔚來汽車建立了強烈而獨特的品牌形象。這種影響力迅速地轉化為品牌知名度，為蔚來接下來推出的更為「親民」的車型創造了有利的市場環境。

2. 服務增維

除了品牌與科技的能力，蔚來還增加了一張「服務」維度的王牌。因為它認為，車主購買的不是車，而是之後的生活化服務互動。比如，車主購車後就可加入蔚來汽車的專屬社交平臺，在這裡你可以隨意分享自己的生活點滴，也可以諮詢、探討汽車的各種「疑難雜症」，品牌方也能透過此管道收集使用者的建議，從而實現不斷最佳化產品的功能與服務。

此外，蔚來積分、蔚來值等福利的設定也供使用者兌換各種生活場景中的需求，朋友喝酒聚會、家人出門遊玩，都可以享受蔚來汽車帶來的安全代駕服務。而針對電動車充電麻煩的特點，蔚來也思考在前，只要使用者買了車，就享有品牌自己建設的換電站的換電服務特權。以往我們電動車充電動輒就要半小時、一個小時，但蔚來二代換電站支援全自動換電，車主僅需 5 分鐘就能高效、快捷完成換電，換來的電池基本在 90% 以上，跑長途都沒問題。

8.1 電動車產業的群雄逐鹿

蔚來汽車透過眾多優質、周到服務與使用者實現了高效的動態互動，讓使用者形成全方位的感知觸動，使用者也在超預期的體驗中更加信任和認可品牌的價值。一旦使用者體驗到了品牌價值，立刻就會自願地與其他人分享。用「車主來推薦車主」，蔚來的這種社交營運方式真的是屢試不爽。

除了服務，蔚來在產品的顏值上也絲毫不遜色，從「高顏值」上下足了工夫，比如蔚來ET5、ET7、ES6、ES8等車型均保持了前衛定位的外觀設計，細膩的工藝及優雅的線條，不愧是新能源的「拚命三郎」（如圖8-6所示）。

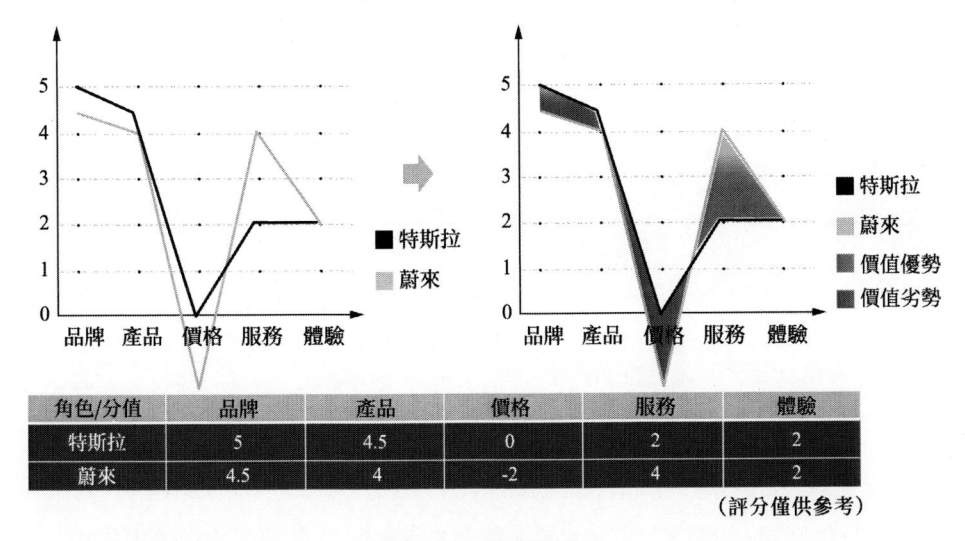

角色/分值	品牌	產品	價格	服務	體驗
特斯拉	5	4.5	0	2	2
蔚來	4.5	4	-2	4	2

（評分僅供參考）

圖 8-6　蔚來評分

從價值的評分系統上來看，蔚來在品牌與產品維度的評分與特斯拉相差並不大，但在價格維度卻明顯高於其同等車型。在上一章我們提到評分系統的核心項的概念，蔚來雖然在價值系統中，增加了服務維度，但在核心維度並未完全接近競爭對手，因此蔚來如何在今後的電動車市場中完成突圍，還是值得深入思考的問題。

8.2 速食產業的那些事

麥當勞 —— 速食文化的開創者

1. 餐飲業態的超維

從 1960 年代開始，速食文化就已經在美國興起，美國人的生活方式也在速食文化的影響下不斷改變著。其中，麥當勞就是最典型的代表之一。人們每每提到美式速食，大腦中第一個想到的便是全球無人不知無人不曉的「麥當勞」(如圖 8-7 所示)。

這間位於美國伊利諾州的「全球第一家」麥當勞餐廳也被復原並重新開張

麥當勞經典紅白黃色餐廳的設計藍圖

圖 8-7　麥當勞 [084]

在麥當勞之前，美國的餐飲業基本是以正餐為主，一次用餐經常需要一個小時甚至更長的時間。1955 年，當麥當勞開設了第一家麥當勞連鎖店，餐飲業的走勢發生了根本性的改變。這一改進讓餐廳能在僅僅幾分鐘內完成訂單。可以看出麥當勞的成功得益於餐飲營運模式的一次超維。

麥當勞速食、便捷的明顯優勢使它在美國迅速竄紅，而這些速食獨有的特徵也被深深地打上了「美國」烙印。很快，速食成了美國人餐桌上不可

---

[084]　官網：www.mcdonalds.com.cn/index/McD/about/brand-25

或缺的形式,漸漸地,速食文化成了大家對美國文化的一種印象。這麼看來,麥當勞應是開創了美式速食文化的「鼻祖」,誇張的雕塑塗鴉、代表性路牌、城市塗鴉……處處散發著龐大的文化能量。

麥當勞憑藉其一流的品牌形象、高品質的產品,以及物超所值的價格,無形之中建構了強而有力的價值系統。這種系統使其在與同類型品牌的競品之間產生了強而有力的競爭優勢。設想一下,在一個通貨膨脹不斷、物價持續上漲的時代,消費者只需花費 150 多元,就能在城市核心商務區裡的一個面積 300 平方公尺環境優越的餐飲店中,享受一份能夠吃飽,且品質不錯的國際品牌漢堡套餐。這種看似簡單、價格親民的產品背後,實則是麥當勞強大的價值體系和商業壁壘的展現。

2. 多維盈利模型

或許很多人認為,麥當勞僅僅是一家餐廳,然而麥當勞並不只靠餐飲賺錢。麥當勞的盈利模型涵蓋了多個維度:

1. 直營店位於商業中心地段,透過銷售漢堡、炸雞和薯條等速食獲得收入。

2. 透過加盟經營模式,麥當勞不僅擴展了品牌影響力,還從加盟費、權利金及營業額的分潤中獲利。

3. 房地產方面,麥當勞採取了獨特的方式,選擇長租或購地後建餐廳出租給加盟商,實現穩定的租金收入。

4. 麥當勞與供應商緊密合作,形成了強大的供應鏈管理,利用大規模採購帶來的更有競爭力的價格,提高了其利潤率。

5. 憑藉其強大的品牌價值,麥當勞還透過品牌授權與其他公司合作,

推出以其為主題的產品或服務，從中獲得授權費等。

　　試想一下，就算在餐飲業態如此發達的現代商業中，能夠擁有多維盈利模型的品牌也是屈指可數。可見，優質的價值系統同樣也需要多維的盈利模式支撐，如果品牌僅能提供消費者出眾的價值，而無法使自身獲得良性的生存模式，也是不長久的。

　　截至2022年，麥當勞已在120多個國家和地區開設超過4萬家門市，員工人數200多萬，堪稱全球最大且最有價值的餐飲業品牌。

福樂雞 —— 速食界的海底撈

　　炸雞與漢堡向來是美式速食的必爭之地，然而就在這一高手林立的市場中，一個品牌卻異軍突起，其單店營業收入甚至超越麥當勞與肯德基，它就是CHICK-FIL-A（福樂雞）（如圖8-8所示），被業界親切地稱為炸雞界的「海底撈」。

　　早在2014年福樂雞單店收入就達到了310萬美元，麥當勞每家店平均銷售額為250萬美元，肯德基單店收入僅有96萬美元，不足福樂雞的3分之1。2015年，福樂雞的全球銷售額更是超過60億美元，是2009年銷售收入的兩倍，其迅速發展之速可見一斑。它更是在2021年的美國顧客滿意度調查中以86分的成績名列榜首，被美國消費者譽為「顧客最滿意的餐廳」。

　　在2008年的金融危機中，餐飲業中多個品牌遭受重創收入縮水，但福樂雞仍然保持了12%的成長率，實現了銷售額30億美元的突破。面對速食業從業人員流動性大的特點，福樂雞的員工忠誠度高達90%，對工作的滿意度遠遠高於同產業其他品牌。福樂雞成功的祕訣就在於其獨特的價值系統最佳化。

圖 8-8　福樂雞[085]

1. 產品升維 —— 把速食做得更健康

速食具有大眾化、快速、方便幾大特點深受大家喜愛，但高熱量、高脂肪、無營養又遭到健康人士詬病，甚至一提到速食往往讓人與「垃圾食品」畫上等號。

但福樂雞的菜單與其他速食競爭對手截然不同，最為出名的便是雞肉三明治和華夫薯條。為了把雞肉做得好吃又健康，福樂雞下了不少力氣，首先在 2008 年對菜單進行了一次徹底改革，去除了所有產品和調味品中的反式脂肪，致力於擺脫高熱量、高脂肪的「不健康」名號；在 2013 年又去除了高果糖、玉米糖漿的使用，從食品添加物中進一步提升健康指數；2014 年成功宣布，福樂雞不再使用任何食品添加物，並推出了健康的烤雞

---

[085]　官網：www.chick-fil-a.com/about/who-we-are

第八章 案例解析：以錯維視角看產業競爭

食譜，三明治中完美剔除骨頭的雞胸肉配合手工麵包，在口感上收穫了更多的好評。100%的花生油烹飪加上無食品添加物的奶油及健康人士喜愛的小黃瓜片，迎合了大眾追求健康飲食的需求。福樂雞不斷研發，為了把烤雞塊做得酥脆多汁，就花費了整整 7 年的時間，並為之投入 5,000 萬美元。

福樂雞不僅在配料上不斷改革，就連主要成分雞肉的選擇，也宣布將在 5 年內實現全美所有連鎖店不再採用抗生素飼養的雞肉，這是速食業首次承諾使用健康雞肉。產品不斷更新升級中，福樂雞無疑成了產業典範。

2. 服務增維 —— 靠「變態」服務獲勝

如果說健康、美味是福樂雞搶占市場的第一利器，那麼無懈可擊的「服務」就是它蓬勃發展的祕笈（如圖 8-9 所示）。

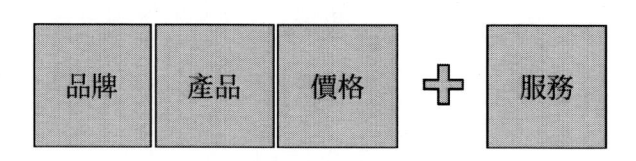

| 品牌 | 產品 | 價格 | ➕ | 服務 |

圖 8-9　福樂雞的服務增維策略

快速省時是速食業最為顯著的特點，但它是一把「雙刃劍」，為顧客提供方便的同時，服務品質很難得到保障。員工都希望你吃完就走，不要占用限定的位置，更不希望花費過多的時間，而是希望透過快速的消費流通收穫更多利益。所以速食店裡你很難享受到餐廳用餐時應有的尊貴服務，甚至很多速食餐廳需要消費者自給自足，點餐、取餐等服務需要自助，環境清潔打掃簡單粗暴。

福樂雞卻反其道而行之，它有一套系統的服務培訓，每個員工都要按照標準對顧客進行貼心服務，「請」、「為您服務」、「非常榮幸」這樣的詞

語經常出現在福樂雞的店鋪中。點餐前,員工還會親切地詢問你的名字,餐點準備好後會親密地稱呼你的名字,而不是冰冷的數字。

除了親切、貼心的服務,福樂雞將完美服務做到每一個細節,面對速食店環境髒、亂、差的弊端,福樂雞有自己嚴格的衛生標準,不但整體環境乾淨整潔,甚至連洗手間的把手都要經過無菌處理。新冠疫情爆發後,許多餐飲業才開始注重衛生消毒,而福樂雞在這方面早已深入細節,做得十分出眾了。

更有趣的是,面對手機的發展,很多人邊吃邊玩,減少了與身邊人的交流,吃飯從溫馨的集體活動變成了一件果腹的差事。福樂雞在店內發起倡議,只要用餐期間不看手機,店鋪將免費提供冰淇淋。當你走進福樂雞,可以把手機調到靜音或關機狀態,放到專門準備的小盒子裡,專心地和身邊人享用一頓美味的餐點,愉快的用餐結束後,還能得到冰淇淋獎勵,新穎的遊戲形式無疑又為福樂雞贏得一波好感。

福樂雞的「變態」服務還不止於此,當你點餐猶豫不決時,它會為你提供一份試吃品,這在其他速食店,甚至整個餐飲業都是難以想像的。用餐期間,你還可以享用現磨的胡椒粉、免費續杯等,要知道這些服務只存在於中等及以上餐廳。

在由麥當勞和肯德基這樣的龍頭主導的速食業中,福樂雞的崛起可謂是一匹「黑馬」。這些先行品牌在品牌形象、產品品質和價格策略上已經建立起了幾乎不可動搖的優勢。面對這樣的態勢,福樂雞並沒有選擇與它們「硬碰硬」,而是選擇用服務作為自己的切入點。這種方式為眾多有志於進入速食業的創業者提供了新的思考角度。福樂雞堅信,真誠的服務會贏得顧客的真心,就像《聖經》中所說:「施比受更有福」── 福樂雞成功背後的祕密盡在此言中。

第八章　案例解析：以錯維視角看產業競爭

SUBWAY —— 被競爭對手超越的「洋速食」

　　SUBWAY 是由美國佛雷德・德魯卡（Frederick Adrian DeLuca）在 1965 年建立的，起初它的名字叫「彼得的超級潛水艇」（Pete's Super Submarines），直到兩年後才更名為今天的「SUBWAY」。

　　在速食業縱橫美洲大陸的年代，SUBWAY 的生意做得風生水起，漸漸有了擴張的打算。可是如果像麥當勞一樣採取「加盟經營模式」，成本又有點太高。於是，它反其道而行之，打出了低價加盟的標語。一時間，美國人蜂擁而至，爭著要做 SUBWAY 的合作夥伴。就這樣，SUBWAY 開啟了屬於它的最輝煌的時刻，到 2017 年全球門市可達 4 萬多家，遍及全球上百個國家和地區，並超過了麥當勞成為全世界最大的連鎖速食店。

　　然而，如日中天的 SUBWAY 在中國卻一蹶不振，無論是連鎖店數量，還是單店銷售業績，都大幅度下滑，今天已經不能再與同樣為「洋速食」的麥當勞、肯德基相提並論。這個曾經的餐飲龍頭為何被競爭對手遠遠地拋在了身後，在中國「失足」的呢？我們可以從價值系統中找到原因。

1. 品牌知名度與門市形象

　　SUBWAY 在中國市場面臨的第一大挑戰便是其相對較弱的品牌知名度和門市形象。SUBWAY 進入中國較晚，然而，其品牌的宣傳力度並不大。在終端門市形象方面，與麥當勞等品牌 300 平方公尺的標準店型相比，SUBWAY 的門市通常較小（60 ～ 80 平方公尺），這可能會在消費者心中投射出一個不夠強大的品牌形象。從空間體量的角度看，這無疑為 SUBWAY 的品牌建設帶來了額外的挑戰。

2. 產品優勢不明顯，缺少本土化的產品升級

雖然 SUBWAY 強調健康飲食的理念，但其產品的口味和食材顯然偏向西方風味。這一點與中國消費者的傳統口味存在較大的偏差，導致其並不能完全符合大多數消費者的飲食習慣和需求。相較於其他西式速食連鎖而言，其產品的品質和口味優勢並不明顯。

在當前的全球化商業環境中，一個品牌的產品優勢和本土化策略對於其市場占有率至關重要。針對 SUBWAY 在中國的市場定位，儘管它始終倡導健康飲食的核心價值觀，但產品的口味卻鮮明地展現出西式風格。這與廣大消費者深植的飲食文化產生了碰撞。即使在與其他西式速食對比時，SUBWAY 的產品在口味和品質上的優勢也並不明顯。

3. 價格偏高

在價格維度上，SUBWAY 在中國市場的定價與其在西方市場的低價策略有很大不同。平均 40 元人民幣的客單價遠高於中國主流速食的平均 30 元人民幣左右的價格，這在一定程度上打擊了價格敏感的消費者族群。尤其在速食市場，價格往往是消費者非常關心的因素之一（如圖 8-11 所示）。

SUBWAY 在中國市場的低迷狀態，主要原因在於價值系統的核心項中品牌維度與價格維度均明顯低於同產業競品。但對於 SUBWAY 這樣有實力的國際連鎖品牌來說，針對中國市場的情況，及時做出調整應該也不在話下。

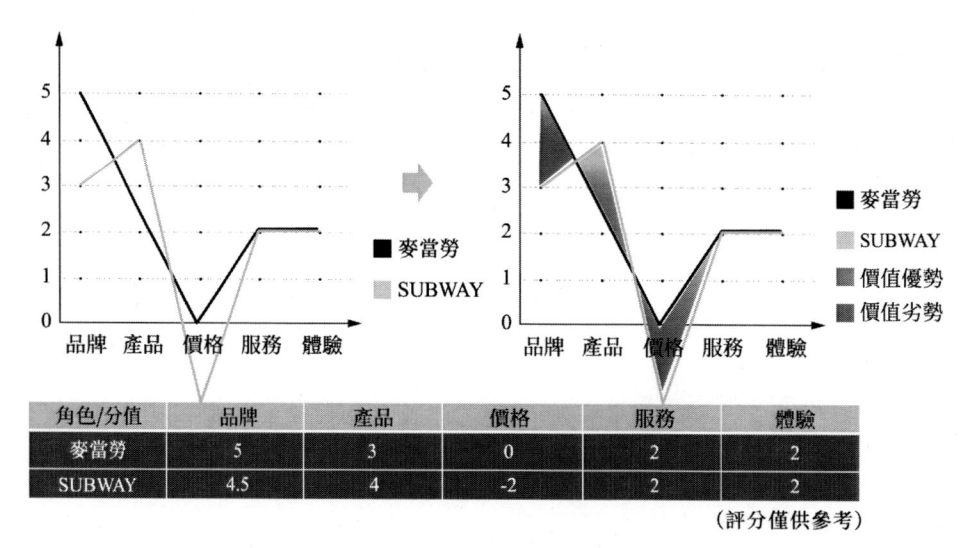

第八章　案例解析：以錯維視角看產業競爭

角色/分值	品牌	產品	價格	服務	體驗
麥當勞	5	3	0	2	2
SUBWAY	4.5	4	-2	2	2

（評分僅供參考）

圖 8-11　SUBWAY 評分

8.3　咖啡產業的新生態

星巴克 —— 重新定義第三空間與體驗

　　星巴克，源自美國西雅圖的一家咖啡連鎖品牌，自 1971 年以來，已經從一個小型咖啡豆零售商發展成全球最大的咖啡店連鎖品牌之一（如圖 8-12 所示）。目前擁有超過 32,000 家分店遍布世界各地，星巴克以其優質咖啡、舒適的店鋪環境和卓越的客戶服務聞名，在全球樹立了特色飲品和咖啡文化的新標準。當然，我們也從星巴克的發展歷程中，找到了眾多錯維競爭的影子。

8.3 咖啡產業的新生態

圖 8-12　第一家星巴克美國西雅圖店 [086]

1. 跨維創新與產品升維

　　創始人霍華‧舒茲（Howard Schultz）在造訪義大利後，深受其咖啡文化和「第三空間」概念的影響，將咖啡店重新定義，為消費者提供空間體驗服務。

　　在義大利，咖啡廳不僅僅是買咖啡的地方，更是社交、聊天、閱讀和放鬆的場所。這觸動了他的靈感，他認為美國市場也渴望這種社交體驗。回到美國後，他開始著手將這一概念和經驗移植到星巴克，將咖啡與會客廳的概念融合。在店內設計和環境方面，星巴克營造了一種舒適、溫馨，同時具有高級感的氛圍。豪華的沙發椅、木製的家具和裝飾等，都是為了讓顧客能在這裡度過自由愜意的時光。

　　更為關鍵的是，星巴克的崛起恰好搭上了美國中產階級崛起的大趨勢。在經濟持續成長和消費文化盛行的背景下，人們開始追求更高品質的生活體驗。星巴克不僅提供了優質的咖啡，還提供了一種社交空間與生活

---

[086]　圖片來源：https://www.starbucks.no/en/about-us

方式，滿足了美國中產階級對於優雅、舒適的生活和社交的需求。這種融合創新使星巴克成功地從一個小型的咖啡豆零售商變成了全球最大的咖啡連鎖店。它不僅改變了人們對咖啡的認知，還成功地將咖啡文化普及到了全球。

在咖啡產品層面，星巴克也進行了一系列的創新。由於傳統美式咖啡的受眾群體有限，在舒茲的推動下，星巴克引入了拿鐵、卡布奇諾等義式咖啡飲品，並注重提升咖啡的品質和口感，將咖啡與牛奶、糖重新融合，這樣一來，咖啡不再難以入口，而是變成了香濃的咖啡飲品，受眾群體也因此擴大開來。

2. 品牌升維

除了空間的體驗升級之外，星巴克的形象升級對於其品牌的帶動也有重大的意義。高辨識度的雙尾美人魚商標是其品牌策略的重要元素之一。其設計靈感來源於 16 世紀的北歐傳說，美人魚是海洋的精靈，象徵著探索、冒險和神祕。它也同樣呼應了星巴克追求高級、雅致生活方式的品牌調性。

在品牌形象、產品與體驗等維度提升的同時，星巴克將當時的咖啡價格提升至 4 美元一杯（那個時代一杯咖啡通常只有幾美分），一時間星巴克與最貴的咖啡畫上了等號。這一創意方式（錯維創意）迅速引爆了各類媒體的行銷。社會菁英與明星也開始紛紛打卡星巴克，分享自己在星巴克的體驗，無形中提升了品牌的知名度。因此在星巴克，人們不僅僅是為了一杯咖啡而來，更是為了品牌背後所代表的一種身分認同、生活方式和價值觀而來。

在名人和社會菁英的推動下，星巴克的品牌影響力逐漸滲透到了大眾市場。人們開始將星巴克看作一種社會地位和品味的象徵，願意為它買單也就不足為奇了。這種由上而下的品牌塑造和市場推廣，極大地推動了星巴克全球化的成功。

3. 體驗增維

可以說，星巴克的體驗是一種全方位的咖啡文化的體驗。在最早期的門市中，星巴克會將烘豆的香氣排向街道，這種獨特的氣味吸引了大量的路人，提升了品牌知名度。這種氣味行銷方式，不僅使得星巴克咖啡的香氣成為一種象徵，也提升了人們對品牌的感知。這一嗅覺體驗在今後的門市拓展中被很好地保留下來。如今，無論在世界的任何一家星巴克，熟悉的咖啡香味一定都是那個不變的要素，它能夠將你迅速引入這個品牌獨有的咖啡文化之中。

身處星巴克的不同門市，你都會被店內的咖啡文化展示深深吸引——牆壁上懸掛著形形色色關於咖啡的圖片和文字，描繪著咖啡從種子到杯中的全過程（如圖 8-13 所示）。詳盡的介紹讓你可以一邊品味著手中的咖啡，一邊了解咖啡豆的種植、採摘、烘焙到沖泡的每一個環節。精心陳列的咖啡豆展示則將你帶到世界各地的咖啡產區，感受那些遙遠地區特有的風土人情，同時讓你對每一種咖啡豆的特色有更加深入的了解。

星巴克的體驗是由內至外的文化傳遞。在舒茲的推動下，星巴克推崇「咖啡師」的概念，強調他們不僅是製作咖啡的員工，更是一種專業的、值得尊敬的職業。開放式的製作吧檯，能夠讓你更加直接地感受到咖啡的製作過程。你可以看到咖啡師會注重每一個細節，無論是挑選咖啡豆，還是調製咖啡，他們都是在用自身的專業與熱愛，力求把每一杯咖啡做到最好。

第八章　案例解析：以錯維視角看產業競爭

圖 8-13　星巴克臻選烘焙工坊 [087]

　　在這些看似尋常的細節中，星巴克巧妙地將其品牌文化和咖啡文化交織在一起，為顧客提供了一個沉浸式、多層次的品牌體驗。可見，星巴克的體驗並不是簡單的一句口號，而是其每一個元素都在無聲地傳達著品牌的理念和精神，讓顧客在享用美味咖啡的同時，也能感受到這背後所蘊含的文化和價值。

　　而今星巴克正在不斷強化自身的體驗維度。2017 年 2,700 平方公尺的全球最大的星巴克門市，臻選烘焙工坊開業，星巴克將咖啡豆的烘焙工廠搬到了城市的中央。在這裡，你可以看到星巴克在全球從各大咖啡產區嚴格挑選高品質咖啡豆的資訊，可以近距離觀察到咖啡豆的嚴格保存設備與標準，體驗到咖啡豆被精心烘焙的每一個細節。它更像是一個把咖啡藝術、工藝和文化融為一體的展場。

瑞幸 —— 從瀕臨破產到逆風翻盤

　　談到咖啡，我們當然不能忽略一個只有 6 年歷史的產業「黑馬」——瑞幸咖啡。2022 年，瑞幸咖啡公布了第二季的財報，淨收入同期相比大增 72.4%，月均交易客戶成長 68.6%。資料一出，業界譁然。人們紛紛熱

[087]　照片。

8.3 咖啡產業的新生態

議，外界一致認為瑞幸終於迎來了「翻身」的機會，未來發展不可限量。截至 2023 年第二季，瑞幸門市數量已達 10,836 萬家，成為咖啡連鎖真正的「王者」。除了資本的力量之外，瑞幸咖啡一整套錯維競爭的打法也是非常巧妙的。

1. 品牌升維

瑞幸咖啡創立時，市面上的咖啡連鎖品牌較少，除了星巴克之外，多是以一些區域性的品牌為主。而星巴克由於強勢的品牌力，可設定更高的售價，這對於每天都要喝咖啡的上班族來說還是有壓力的。那麼能否用更低的價格，讓消費者享受同樣品質且品牌力不遜於星巴克的咖啡，成為一種潛在的價值（系統）需求。

為了在品牌維度上貼近國際品牌。瑞幸在選擇明星代言方面也是下足了工夫。2018 年 1 月，知名演員湯唯和張震手持其代表性的「小藍杯」亮相在各辦公大樓的電梯廣告螢幕和社群平臺的廣告中，即刻將這個相對年輕的品牌推向了大眾的視野。

而瑞幸請重量級明星代言的習慣一直沿用至今，2021 年自由式滑雪世界冠軍成了瑞幸的全新品牌大使。將這樣一位年輕且在國際賽場上獲得輝煌成就的運動員納入代言人陣容，不僅為瑞幸注入了鮮活的、充滿活力的形象，更在無形中強化了其國際化的品牌調性，使得其在競爭激烈的市場中更具辨識度和影響力。

2. 產品對標

在產品維度上，瑞幸咖啡非常善於與國際咖啡冠軍的合作。2018 年，Agnieszka Rojewska（簡稱 Aga）—— 一位在 WBC 世界咖啡師大賽中榮

第八章　案例解析：以錯維視角看產業競爭

獲冠軍的傑出咖啡師，宣布加入瑞幸咖啡研發團隊，並出任首席咖啡大師的角色。她的加入，使其成為繼井崎英典、安德烈・拉圖瓦達（Andrea Lattuada）和潘志敏後，瑞幸咖啡的第四位 WBC 冠軍咖啡大師。Aga 不僅因其十餘年的產業經歷和卓越的頂級賽事表現而備受讚譽，更因其在杯測、沖煮、拼配及特調等方面的精湛技藝而受到業界矚目，尤其是她在拿鐵的風味和外形呈現上的卓越技巧，贏得了「拿鐵女王」的美譽。

Aga 力薦的「小黑杯・SOE 耶加雪菲澳瑞白」自推出以來便引起了熱烈迴響，憑藉其精心調配的黃金比例和卓越的風味，贏得了眾多咖啡愛好者的追捧。冠軍咖啡師的加入，增加了消費者對於其咖啡更好口味與更高品質的心智認知，也使得其在產品維度的分值趨向星巴克的評分。

3. 價格優勢升維

當品牌維度與產品維度的分值都貼近星巴克的同時，瑞幸還選擇了價格優勢維度的升維。瑞幸運用行動網路優勢，新用戶只要下載 APP 或老客戶邀請新用戶都會獲得免費咖啡，所有使用者又不斷地被新的優惠券活動吸引，瑞幸咖啡透過一套完整的引流、刺激再到二次傳播的打法，成功引爆了市場。很難想像，一杯星巴克咖啡需要 150 元時，品牌形象與產品品質都十分接近的瑞幸咖啡只要 25 塊錢（市場拓展期間）。在正常營業期間，最終瑞幸咖啡的定價區間被鎖定在 50～100 元，這一價格不僅是星巴克的 2 分之 1，也恰是消費咖啡飲品的主流價格區間（如圖 8-14 所示）。

4. 聚焦單品

在瑞幸咖啡的初創階段，常因咖啡的品質而遭到消費者的批評，甚至被詬病為「洗鍋水」。雖然這部分可以歸因於那個時期咖啡尚未普及，許

8.3 咖啡產業的新生態

多人對現磨咖啡的味道還不太適應等,但不能忽視的是,瑞幸的產品在早期確實面臨著問題。

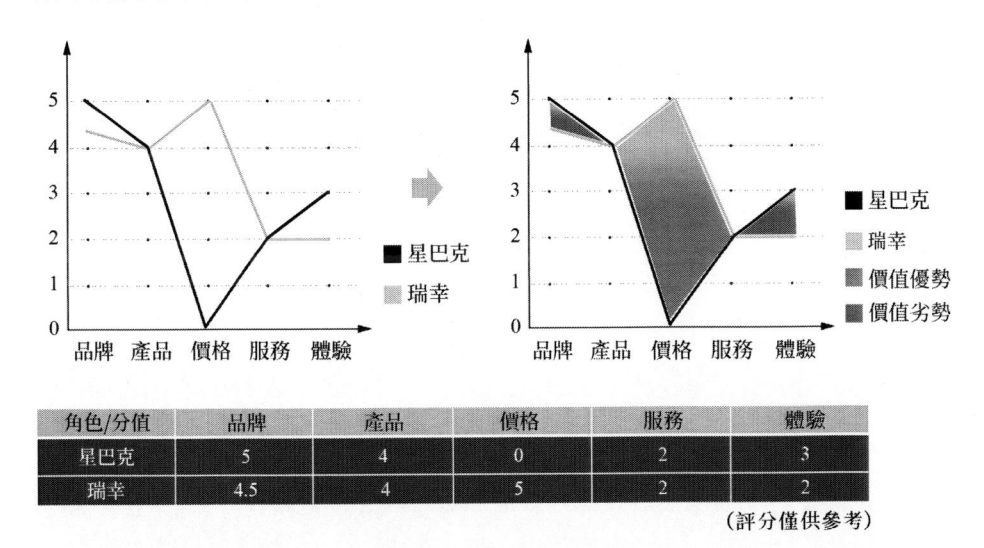

角色/分值	品牌	產品	價格	服務	體驗
星巴克	5	4	0	2	3
瑞幸	4.5	4	5	2	2

(評分僅供參考)

圖 8-14　瑞幸咖啡的評分

因此,產品維度的升級成為其策略轉型的核心議題之一,從多而全的咖啡產品線轉為以超級單品驅動的模式。2021 年,生椰拿鐵的問世成為瑞幸發展的一個重要里程碑。在同年的 6 月,該款咖啡的單月銷量超越了 1,000 萬杯,創下了瑞幸新品銷售的新紀錄。

然而,這背後不僅僅是產品研發的成果。瑞幸產品線負責人曾表示:「我們不相信碰巧,更相信資料。」這點說明,在瑞幸打造每一個熱銷產品的背後,都不是偶然的成功,而是一套包括大數據收集在內的精密體系和嚴格的篩選機制。在實際的操作中,瑞幸有可能對一個產品進行多達 10 個不同口味的研發,全方位進行資料測試,並根據這些實際的資料回饋來決定最終上市的產品形態,以確保其最大限度地符合市場需求和消費者口味。

綜上,瑞幸咖啡的成功源於其出色的錯維競爭路徑,但其本質上也是

第八章　案例解析：以錯維視角看產業競爭

新技術應用對於傳統業態的一次降維打擊。試想一下，我們很多創業者還停留在用了什麼樣優質的咖啡豆或咖啡機，而瑞幸早已完成了在數位化領域的應用。那麼，如此高維的品牌，你想好如何與之競爭了嗎？

%Arabica —— 迅速竄紅全球的新晉「網紅」

%Arabica，一個迅速在全球咖啡圈竄紅的名字，不僅僅是一個品牌名稱，更是代表了一種專注於提供頂級咖啡體驗的執著信仰，2013 年創立於日本京都（如圖 8-15 所示）。當然它的成功，也源自其獨特的拓展受眾方式。

圖 8-15　%Arabica Kyoto Higashiyama 京都東山店 [088]

1. 產品升維

創始人 Kenneth Shoji（東海林克範），出生在一個日本商人家庭，自小伴隨著父母的環球旅行，在與不同文化和人群的交流中逐漸發酵出對咖

---

[088]　圖片來源：arabica.coffee/en

啡的獨特情愫。為踐行他的理想，Kenneth Shoji 在夏威夷購買了一座咖啡豆莊園，並成功拿下世界領先咖啡機品牌 Slayer 的日本總代理權。「Arabica」一詞代表著上等、優質的咖啡豆；而高辨識度的 %Arabica 的商標，就是那個「%」，象徵著咖啡樹枝幹與兩顆成熟的果實，在這個小小的符號裡，包含了品牌追求卓越與純粹的精神核心。當然，也正是這樣的獨到之處，讓 %Arabica 成為全球咖啡愛好者心中不可或缺的存在。

秉承著日式的匠人精神，Kenneth Shoji 在打造 %Arabica 這個品牌時，也將追求極致咖啡的理念融入其中。他與世界拿鐵拉花冠軍三口淳一及建築師加藤聯手，將簡約而又現代感的設計元素，如白色的玻璃幕牆和木質吧檯，融入每一家店鋪中。牆上掛著的金色世界地圖，一方面彰顯了創始人自小周遊世界的經歷，另一方面也訴說著品牌的理念，那就是「透過咖啡看世界」。

在 %Arabica，每一粒咖啡豆背後都有一個故事，講述的是土壤、氣候和農民的辛勤付出。他們選擇的豆子，如單一產區的衣索比亞耶加雪菲豆，通常都展現出顯著的地理和氣候特徵，同時，%Arabica 透過精確的烘焙技術確保了這些特點得到了最好的呈現。%Arabica 在每家門市之中都會設置一個烘豆區域，這樣就可以讓消費者體驗最新烘焙的咖啡豆。與大眾的咖啡連鎖品牌不同，%Arabica 一直堅持精品咖啡路線，堅持專業咖啡師使用半自動咖啡機進行現場的製作，並進行手工拉花。

2. 顏值升維

除了好的咖啡，%Arabica 同樣也是一個玩轉空間美學的高手。與其說這是一次顏值的升維，不如說它建構了一種全新美學體驗。當然，我們也可以用「千店千面」來形容 %Arabica，因為你找不到兩家相同設

第八章 案例解析：以錯維視角看產業競爭

計的 %Arabica 門市。每一家店面都由專業的設計團隊量身打造，堅持著品牌核心的同時融入了所在城市的特色文化，形成了一個既保持品牌一致性又展現地域特色的獨特門市形式（如圖 8-16 所示）。在合作方面，%Arabica 積極與全球設計師和建築事務所（如 Studio Precht、Cigue、Tacklebox Architecture 等）進行跨界合作。

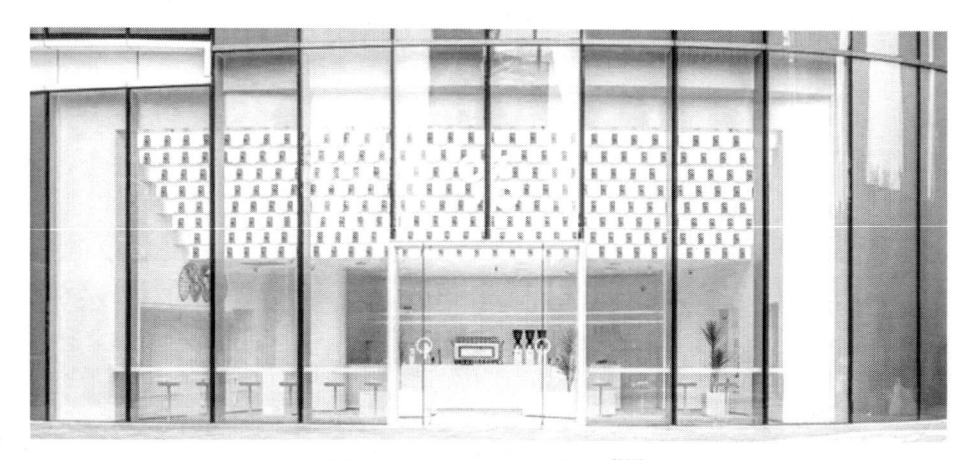

圖 8-16　%Arabica 分店 [089]

　　細膩的材質選擇、精確的空間布局，以及與自然環境的和諧共處，不僅表現了其對極致美學的追求，也在無形中展現了一種「少即是多」的哲學理念。這種深度融合品牌理念與空間設計的方式，吸引了無數忠實粉絲，也讓 %Arabica 在眾多城市中成為不可或缺的網紅打卡地。

[089]　圖片來源：arabica.coffee/en

8.4 服飾產業的大變局

LV —— 無法忽視的時尚品牌龍頭

當我們談到奢侈品品牌，Louis Vuitton（簡稱 LV）無疑是這一領域無法忽視的龍頭。自西元 1854 年由 Louis Vuitton 在法國巴黎創立以來，這個以製作高級旅行箱而起家的品牌逐漸發展成全球最具影響力的綜合性奢侈品品牌之一（如圖 8-17 所示）。

圖 8-17　LV 品牌 [090]

在 19 世紀中葉，一個名叫路易‧威登的年輕人在法國開始了他的人生奇遇。出生於貧困的木匠家庭，16 歲的他離開鄉下，步行數百公里抵達

---

[090]　照片。

第八章　案例解析：以錯維視角看產業競爭

了巴黎，開始了在製箱廠的工作生涯。他憑藉精湛的手藝、極強的耐心和獨特的才華，開始製造出精美無比的旅行箱，逐漸贏得了社會上流階層，乃至皇室貴族的追捧，熱衷於時尚的拿破崙三世（Napoléon III）的妻子歐仁妮皇后（Eugénie de Montijo）也是其中一員。這也可以看作一次成功的品牌升維。

在那個時代，皇室貴族被視為社會地位和品味的標竿，他們的行為和選擇往往會被大眾追捧和仿效。因此，當皇室貴族選擇使用LV，也就間接提升了LV的品牌形象，促使其成為象徵著優雅、奢華和卓越品質的全球知名品牌。

路易‧威登的兒子，喬治‧威登，也繼承了他父親的創新精神和獨特眼光。西元1896年，他以瓷磚的花紋為靈感，設計出獨特且易於辨識的圖案LV Monogram。在高度競爭的奢侈品市場中，辨識度高的品牌更容易在消費者心中留下深刻的印象。「花押」圖案的設計簡潔明瞭，無論是交叉的「L」和「V」，還是四個花瓣的圖形，都能在第一時間被人們辨識出是LV的產品。

「花押」圖案不僅是LV品牌的象徵，也是消費者身分的象徵。當消費者選擇LV的產品時，他們並非只是購買一個行李箱或是一個手提包，而是購買代表著自己優雅、奢華生活方式的象徵，以及自我身分的辨識方式。因此，「花押」圖案不僅強化了LV品牌的辨識度，也成功地使品牌與消費者的身分緊密相連。

與大眾品牌販賣產品不同，奢侈品販賣的更多是設計與引領趨勢的創意能力，因此設計總監對於品牌的影響同樣是至關重要的。在LV的發展過程中，馬克‧雅可布（Marc Jacobs），以其「藝術即時尚」的理念，攜手多位藝術家，將LV引領至藝術與時尚的交融新境界。尼克拉‧蓋斯奇埃

爾（Nicolas Ghesquière），關注品牌與未來的對話，透過注入科技元素和前衛設計，為 LV 在全球奢侈品市場樹立了卓越的形象。而已故 LV 男裝藝術總監維吉爾·阿布洛（Virgil Abloh），他以極富創意的設計理念，將街頭文化與奢侈品的巧妙結合，刷新了我們對傳統奢侈品的認知，也進一步加深了品牌與年輕一代消費者之間的情感連繫。當消費者選擇 LV，他們投入的不僅是財富，更是對一種文化和生活方式的追求與認同。在奢侈品領域，這種文化與情感的深度連接，正是 LV 得以保持其獨特魅力和價值的不二法門。

在不斷演繹自身經典的同時，LV 以其過人的前瞻視角和開放理念，與各領域實力派展開聯名，形成了一系列令人印象深刻的創新之作（如圖 8-18 所示）。村上隆帶來的普普藝術圖案，Supreme 融入的街頭文化元素，或是與 Apple Watch 共同塑造的科技時尚腕錶，每一次的跨界嘗試，LV 都準確掌握流行脈動，用與眾不同的設計和獨到的市場洞察，再次確立了其在奢侈品領域的領導地位。

圖 8-18　LV 草間彌生主題[091]

[091]　照片。

第八章　案例解析：以錯維視角看產業競爭

無論是奢侈品牌，還是中、高、低階品牌，在借勢與用勢的層面其實都是一樣的。

2023 年 LV 與普普藝術大師草間彌生的合作再次拉開序幕，在全球又掀起了一股圓點風潮。這些多元而富有深度的聯名合作，既是 LV 品牌向世界展示其非凡設計實力和創新精神的窗口，也是其不斷探尋和實踐的過程。每一場聯名的背後，都是一次文化和理念的交流與碰撞，不僅豐富了 LV 的品牌內涵，也讓其在全球市場上始終保持著不可撼動的影響力與持續的關注焦點。

ZARA —— 買得起的快時尚

ZARA，以其創始人阿曼西奧・奧蒂嘉（Amancio Ortega）之獨特視野和策略，在全球時尚界拔得頭籌，不僅多次使奧蒂嘉躋身「世界首富」的行列，更使 ZARA 成為國際時尚圈的領軍者。奧蒂嘉的成功，在於他對快時尚的獨到解讀：他將時尚比喻為新鮮出爐的麵包，美味而時效性極強。基於這一理念，ZARA 堅持「快」作為品牌的核心營運方向，透過敏銳捕捉全球時尚潮流，並迅速透過其強大且靈活的供應鏈將這些流行元素轉化為消費者身上的服裝，確保品牌始終站在時尚的最尖端。這一模式不僅贏得了全球消費者的熱烈迴響，也穩固了 ZARA 在國際快時尚產業的重要位置（如圖 8-19 所示）。

獨特的價值系統也是其成功的重要原因，下面，我們從錯維競爭的視角重新審視 ZARA 品牌成功的路徑。

8.4 服飾產業的大變局

圖 8-19　ZARA 門市 [092]

1. 善用潮流與時尚的趨勢

　　ZARA 透過巧妙的方式將其品牌推向市場的最新趨勢，其策略不在於建立新的時尚潮流，而在於精準且迅速地捕捉並複製現有的高級流行趨勢。ZARA 派遣「時尚獵人」深入全球各大時裝發表會、時尚都市街頭和校園，敏銳地捕捉最新的時尚脈搏。設計師團隊緊隨其後，將這些趨勢進行再設計並藉助 ZARA 高效的產業鏈迅速轉化為實物產品。

　　而在門市布局上，ZARA 的策略同樣獨到 —— 選擇將其店鋪置於奢侈品牌，如 LV 和 Chanel 等的潮流大牌鄰近，例如在繁華的巴黎香榭麗舍大道或米蘭的金三角購物區，簡約而吸引人的 ZARA 店鋪便醒目地矗立在奢侈品店的旁邊，且門市形象絲毫不亞於任何品牌。這樣的布局不僅讓 ZARA 直接與頂級品牌進行對比，突顯其高 CP 值的優勢，還能降低消費者的購物心理預期，巧妙地推動他們的購買決策，展現出一種與奢侈品牌截然不同的品牌價值。

---

[092]　照片。

2. 價格升維：親民化

在完成了品牌形象和產品設計與時尚大牌貼近的同時，ZARA 的價格升維是其魅力所在。

它巧妙地找到了消費者對於「奢華」的嚮往與價格的敏感性之間的平衡點。它並不直接與奢侈品牌競爭，而是將其定位明確地放在了高 CP 值的區域。

考慮到一件時尚大牌的服裝動輒數萬元或數十萬元的價格，ZARA 將其價格體系設定在這些大品牌價格的 10 分之 1 或更低。這種主動的價格升維降低了消費者的購物門檻，使更多的人能夠體驗到走在時尚尖端的感覺，而這正是 ZARA 成為全球快時尚領軍品牌的關鍵所在。它成功地打破了「高品質等同於高價格」的傳統觀念，透過提供物美價廉的產品，吸引了一個龐大的、忠誠的消費者族群。

3. 速度與多款少量：12 天的神話

ZARA 利用其高效的製造系統，將一款新產品從設計到上市的週期縮短到 12 天，極大地打破了那個時期服裝產業的慣例（一般需要 90 天到 180 天）。這背後依賴的是一個快速的資訊回饋機制，設計團隊能夠迅速透過線上獲取到全球各地最新的流行趨勢資訊，進而觸發其高效的生產線。最令人印象深刻的是，ZARA 特地修建了一條長達 200 公里的地下鐵路，將工廠與物流機場連接起來，確保能夠以最快的速度將新款服裝，在最短的時間內到達全球商店。

此外，多款少量也是 ZARA 的拿手好戲，斷貨斷碼都是常有的事，這就是 ZARA 營造的「稀缺感」。因為它每年要推出數以萬計的新款，所以要

8.4 服飾產業的大變局

控制每款服裝產量,這樣的操作也間接增強了由於商品很難買到而引發的購買力。

ZARA 針對時尚大牌,用錯維競爭方式,在高級時尚奢侈品和親民價格之間找到了一個完美的平衡點。它讓我們明白,時尚並不只是巴黎或米蘭的專利,任何地方,只要有創新和速度,都能夠領跑時尚。如今,ZARA 不僅是其所屬集團 Inditex 的明星品牌,更是全球服裝零售業的一面旗幟。

SHEIN —— 隱祕的跨境電商龍頭

如果你認為,時尚服裝的價格做到 ZARA 這樣已經非常便宜了,且服裝前導時間 12 天已經是產業極限了,那你就大錯特錯了。一個來自東方的品牌早已橫空出世。2022 年 4 月 14 日,據《華爾街日報》報導稱,跨境電商龍頭 SHEIN 在最新一輪融資中的估值為 1,000 億美元,這個市值預計將超過 H&M 和 ZARA 兩家企業的市值總和。

一個極其低調的品牌,以每年超過 100% 的瘋狂成長席捲全球時尚界。在很長一段時間裡,它幾乎成為國外年輕消費者網購低價服裝的首選,下載量超越亞馬遜,營收過千億元的希音不只是「快時尚」的顛覆者,更是一匹「黑馬」。

1. 價格優勢與新品上架速度的再次升維

創始人在 2008 年創立了 SHEIN 這個品牌,由於他從前從事的工作是搜尋引擎最佳化,這讓他到西方國家打造融合「社群媒體+網購」的社交商務帶來了很大的靈感。特別是它的製造方式極具革命性,令人不得不為之嘆服,使其搖身一躍成為全球知名網紅品牌。

第八章　案例解析：以錯維視角看產業競爭

　　SHEIN 的勝利不是偶然，而是必然。在快節奏生活的城市裡，SHEIN 的最大核心競爭力就在於「價格低、新品上架快」，這恰恰符合年輕人追逐時尚的心理需求。但相比 ZARA 等傳統的快時尚品牌而言，SHEIN 對於低價、新品上架快又有了全新的定義。

　　在價格維度上，SHEIN 相比同行的其他品牌都要低廉幾倍。使用者僅需花費 10 美元左右的價格就能買到自己心儀的服飾，而同樣款式在 ZARA 可能需要 30 美元以上。價格上的薄利多銷讓 SHEIN 吃盡了甜頭，因此它又進一步推出了各種打折活動，比如 2020 年的聖誕前活動大促銷，消費者可在活動期間享受打八折的優惠福利。

　　在新品上架速度的維度上，SHEIN 堪稱快時尚界的「神速」典範。根據其官方資料，SHEIN 一月上架的新商品數量高達 1 萬多件，與 ZARA 一年的銷量持平，以此類推，它一年推出的新品數量能夠超過 10 萬件，其驚人的速度讓業界眾多品牌望塵莫及。

　　SHEIN 同樣也是一家大數據公司，所以 SHEIN 新品上架的邏輯是：每天大概上架 300 種新品，每個款式先生產 100 件，如果銷售數字較好，就繼續生產推銷；如果銷售數字差就直接下架，絲毫沒有猶豫的餘地。它不同於以往企業只盯住消費者心理去選擇正確答案，而是認為那些被排除在錯誤答案之外的款式才更能占領市場。

2. 獨特的「小單快速補貨」模式

　　SHEIN 的這些優勢都源於其更加彈性的供應鏈與獨特的「小單快速補貨」模式。該模式貫穿了品牌的整個供應鏈管理，不僅注重在小規模的生產中聚焦和驗證市場需求，而且強調以迅速、靈活的方式對市場回饋進行

8.4 服飾產業的大變局

回應。在這個模式下,「小單」確保了資源的高效利用,新款服裝 100～200 件就可以製作,並顯著減少了過度生產帶來的經濟風險和庫存壓力;而「快速補貨」則使品牌能在第一時間聚焦熱賣款式繼續追加訂單,從而實現在極短的市場週期內提供極具競爭力的產品。

這樣的供應鏈優勢,同樣也加快了服裝的前導時間,將 ZARA 創造的 12 天紀錄再次壓縮到 5 天的時間。SHEIN 的數位印花廠甚至能在 24 小時內完成布料的打樣、生產並送達成衣廠,確保了生產流程的最大效率化和最小時間化,這也是 SHEIN 能快速回應市場、持續推出新品的重要支撐。

與傳統服裝品牌靠線下門市獲客的方式截然不同,SHEIN 能夠如此快速地成為消費者內心最認可的快時尚品牌,是由於其驚人的線上行銷實力。它的市場業績離不開以下兩大「流量護城河」的支撐。

一方面,品牌官網的流量行銷以及社群媒體的裂變行銷,其官網就像一個龐大的私域流量池,使用者幾乎毫不受「遺忘曲線」的影響,一旦進入網站就會駐足很久,不願離開,其跳出率才將近 30%。

另一方面,SHEIN 運用網路社交裂變行銷打破了流量的時空壁壘,透過 Instagram、Facebook、YouTube、TikTok 等社交平臺吸引大量的粉絲,讓網紅與老客戶分享帶來潛在的新客戶,這種成本低、獲客快的吸睛方式也是對傳統品牌的降維打擊。

品牌流量持久的成長離不開連續不斷地更新、活化和高成本的運作,SHEIN 用低成本獲取高流量,絕非同行其他企業輕易就能參考的。SHEIN 成功地依託了產業鏈與行銷模式的優勢,做出了很好的榜樣。

第八章　案例解析：以錯維視角看產業競爭

第九章

打造品牌：先錯維，後錯位

在未來品牌的競爭中，錯維競爭與錯位競爭都是必不可少的。我們將品牌策略劃分為兩個階段來思考，那就是「先錯維，再錯位」，也可以理解為「先定維，再定位」。首先，錯維競爭（或定維）決定了，你與競爭對手之間縱向的勢能強弱關係。錯維競爭聚焦在企業如何透過在不同的維度上尋找或創造與競爭對手不對稱優勢。企業需要首先確定在哪一個或哪幾個維度上與競爭對手展開競爭。

錯位競爭（或定位）決定了你與競爭對手之間橫向的差異問題。錯位過程著重在於怎樣在消費者心智中占據一個獨特、難以替代的位置，並在這個位置上與競爭對手保持足夠的差異化。錯維競爭與錯位競爭相輔相成，在市場競爭中建構出一種結合了內在競爭力和外在品牌形象的綜合優勢。

那麼，這一章我們就來聊聊，錯維後的那些錯位競爭。

第九章　打造品牌：先錯維，後錯位

9.1 品牌的錯位路徑

在錯位競爭中，人群、場景、品類是形成差異的最為核心的三大要素（如圖 9-1 所示）。由於商業是圍繞消費人群展開的，那麼找到品牌的核心人群，就可以深入地洞悉他們的喜好。場景反映了精準的消費需求；在場景之後，就是品類的競爭，而品類則代表了自身優勢（價值）、與競品的差異、市場的空間等。

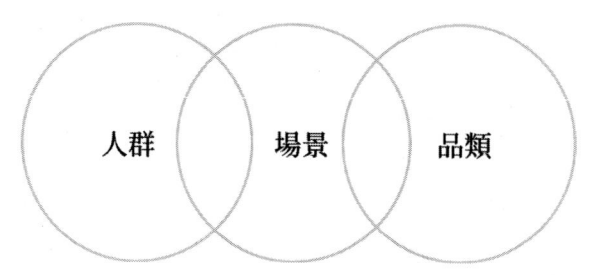

圖 9-1　品牌錯位的 3 大要素

人群：品牌的核心受眾群

「人群」指的是品牌核心的消費者族群，他們是品牌策略的出發點和最終的歸宿。理解和深入挖掘這一核心人群的消費偏好、價值觀、購買動機等方面，使品牌能夠精準傳達其價值主張，形成與其他競爭者不同的特色和優勢。在這個框架下，找到並深入理解品牌的核心人群，變成了解其真實、深層次需求的關鍵。

核心消費人群的劃分可以透過不同的要素進行：①身分劃分如「學生」、「上班族」、「企業老闆」，揭示了其特定的生活場景和消費能力。②財富程度直接關聯到購買力和價值取向。③性別和年齡分別影響購物動機

和產品偏好。④區域因素考慮了地域文化和消費水準的影響。⑤喜好剖析了消費者的個性化需求。⑥在某些文化背景下，甚至星座和血型也能作為輔助工具用於揭示或建構某些消費者畫像。

在確定好核心人群後，就需要深入了解他們的生活習慣與喜好，懂得用他們的特定溝通語言來安撫他們的情緒。因為未來品牌的傳播，都是一種在跟消費者「對暗號」的過程，如果你不懂得用他們的方式與之溝通，就很難引起他們的共鳴。

場景：消費者與品牌歡聚的舞臺

哈佛商學院教授克萊頓・克里斯坦森（Clayton Christensen）曾在其多部著作中提到了一個觀點就是：人們實際尋求的並非產品自身，而是產品所能解決的特定「工作」場景中的問題，以及這個場景對個體的情感和生活含義所帶來的影響。

可見，場景其實可以被理解為消費者需求的映射，它是消費現象的底層邏輯。也正是由於消費者有了某種場景的需求，才去尋找相應的品類去填補需求。所以場景的占位是要優先於品類占位的。「場景」可以看作品牌與消費者實際互動的舞臺，它代表的是商品或服務被應用或消費的特定情境。產品或品牌需要與特定場景連結才會發揮其真正的價值，那麼如何能夠洞察到細微的場景就成了至關重要的議題。

諸多優秀的品牌都非常擅長運用與特定場景的連結，來提升自己在消費者心中的占位。例如，每到春節將至，可口可樂就會推出新年禮品套裝，來迎合春節走親訪友的場景；星巴克也會針對中秋節推出自家特色的月餅禮盒或禮物等。

第九章　打造品牌：先錯維，後錯位

在探索場景的過程中，我們需要明白，場景不僅僅是一個物理空間或時間點的問題，而是一個包含了人群、時間、地點和事件在內的綜合體。例如，一個簡單的喝咖啡的行為（事件）可以因為在圖書館（地點）的黃昏時分（時間）與好友（人群）進行，而建構出一個全新的消費場景。這其中的每個要素都至關重要。

1. 人群，我們不僅需要關注一群人的整體特徵，還要關注他們的需求、習慣和偏好。明確目標人群是場景建立的起點，他們決定了產品或服務需求的性質和特徵。

2. 時間不僅代表了場景所發生的時刻，還與我們的情感和行為模式緊密相連。比如，早晨和夜晚可能分別引發出不同的消費需求和情感體驗。

3. 地點帶來的不僅是物理空間上的體驗差異，還涉及文化、社交和心理等多個維度。

4. 事件通常是觸發消費的直接原因。它可以是日常的、節日的或特殊的非日常事件。

此外，品牌能夠洞察「場景」的能力就是它能夠獲得持續發展動力的一種表現。很多細微的場景需求之中，甚至藏著龐大的市場空間，比如：在鄉鎮地區的平價餐廳中販賣熱毛巾，為經濟型旅館的常住客提供換洗床單等。雖然這些生意時常並不被我們看重，但在下沉市場中，很多人卻因為發現這樣的消費場景需求而獲益匪淺。這些在大都市高級場所中司空見慣的服務，卻在下沉市場大行其道，其實這也側面印證了大城市對於下沉城市趨勢的借鑑意義。換句話說，所有在都會區城市高級場所免費的服務，都值得在下沉城市中以收費的方式重來一遍。

在音樂設備領域，某品牌耳機就洞察到了熱愛運動人群在運動中聽音

樂的這一細分場景。在這個場景中，你會發現劇烈的運動過程對於傳統耳機是一個非常嚴峻的挑戰：①運動中傳統耳機非常容易脫落，且長時間佩戴會不舒適。②入耳式耳機很容易讓運動者聽不到外界的聲音而導致一定的危險。③劇烈運動的噪音對於耳機的音質影響非常大等。

就在這樣的背景下，某品牌耳機巧妙地將骨傳導技術引入運動耳機中。值得感嘆的是，正常環境中音質平淡無奇的骨傳導耳機，卻在運動的場景中以最佳的解決方案脫穎而出。這不僅解決了運動中的安全與舒適問題，還意外地提升了在嘈雜環境下的音樂體驗。如此一來，運動者們不再需要在動聽的音樂和安全、舒適之間做出抉擇。

2021年至今，該品牌邀請目前世界馬拉松世界紀錄保持者人埃利烏德・基普喬蓋（Eliud Kipchoge）成為代言人。在此期間基普喬蓋依舊保持著巔峰的狀態，並在2023年9月24日，以2小時2分42秒奪得他的第五次柏林馬拉松冠軍。基普喬蓋的代言獲得了出色的效果，這不僅是一次成功的品牌升維，同時也印證了該品牌領跑運動耳機賽道的決心。除此之外，該品牌正試圖細分更多的運動場景，全新系列就是在游泳場景中又一個全新的嘗試。

除了深入洞察不同的應用場景，挖掘其內在的需求和商機之外，我們還需要清楚地了解場景的發展趨勢——場景在不停地融合與分化。

在場景的分化中，將一個廣泛的應用場景細化為多個更具體的子場景可以更精確地配對消費者的實際需求和情感期待。例如，將「零食」這一廣泛場景細分為「餐後零食」、「看劇零食」、「看球零食」、「減脂零食」、「夜間零食」等，每一個子場景都對應著不同的消費動機和情感體驗。餐後零食可能更注重口感的豐富多變，看劇零食或許追求方便不沾手，而減脂零

第九章　打造品牌：先錯維，後錯位

食則需要兼顧口感和健康因素。

在場景的融合上，將兩個或多個獨立的場景整合為一個全新的場景可以創造出全新的消費需求和體驗。以「brunch」（早午餐）為例，它融合了早餐和午餐這兩個獨立的飲食場景，不僅兼顧了兩餐的食材和口味特色，還創造出一個適宜閒聊和享受悠閒時光的新場景。它滿足了現代都市人在週末尋求放鬆、社交和品味生活的需求，從而在餐飲市場中占據了一席之地。這種基於場景融合的創新，有可能催生出全新的消費習慣，進而培育出一個新的市場細分領域。

總而言之，無論是洞察新的消費場景需求，還是分化與融合獲得新的場景，背後都是對消費者需求的深刻理解。諸多行銷理論會引導創業者找出自己品牌的「賣點」。殊不知記住場景背後的「買點」才是我們需要深刻思考的方向。因為「賣點」主要關注的是品牌自身的角度和主張，而我們真正需要深入探討的，其實是藏匿在各個消費場景背後的「買點」。「賣點」和「買點」雖僅一字之差，卻揭示了兩種截然不同的視角：前者是以品牌自身的視角出發，後者則是立足於消費者的角度，二者之間的異同正是我們在研究場景的同時，需要持續探索的方向。

品類：獨特的競技場

我們知道，「商品」是企業或品牌提供價值系統的載體，因此品類的選擇，在品牌策略中成為至關重要的一環，它決定你的市場空間，以及你將面對什麼樣的競爭環境與對手。所以，如何透過錯位的差異在所處品類中脫穎而出，成了老生常談的話題。那麼品類中的差異化如何實現呢？我們可以透過三個方向達成，分別是品類最佳化、品類分化與品類融合。

品類最佳化強調在現有的產品框架內透過技術、材料或服務升級來適應或預見消費者需求的演變。品類分化專注於在較大的市場中辨識或建構更為明確和細化的消費細分市場,透過提供更精準的產品或解決方案來滿足其特定的需求。品類融合則尋求透過將兩個或多個不同的元素或品類結合,創造出獨特且創新的新品類來滿足交叉或複合型的消費需求。

1. 品類最佳化

品類最佳化是商業演化的縮影,展現了技術進步和消費需求對市場的雙重推動。從智慧型手機的畫質精進、VR 與 AR 世界的拓展,再到個性化購物的智慧推薦,我們見證了一個個傳統品類被重新定義的瞬間。在這個過程中,新的產品類別應運而生,滿足了人們對於高效、環保、個性化以及沉浸式體驗的渴望。

以音樂播放的載體為例,其發展歷程揭示了技術創新和消費偏好如何共同塑造產品的生命週期。從黑膠唱片到錄音帶,再到 CD、MD,以至於 MP3、MP4,最終演化到線上音樂應用程式,每一個階段的轉變都不僅僅是儲存媒介的更迭。這是一場關於便捷性、儲存能力、音質表現、使用者體驗等多方面因素的綜合革命。

除了技術的迭代之外,未來的品類最佳化多是由商品在使用中存在的矛盾點激發而來的。不經意間,你可能會發現生活中諸多細微的矛盾:比如我們在享受零食的美味時擔憂的體重問題,或是在享用一瓶冰涼的碳酸飲料時患得患失於糖分攝取的憂慮,抑或是在塗抹精緻的化妝品時擔心皮膚的敏感反應,每一個小小的決策背後都隱藏著對舒適與擔心間的不斷權衡。

而正是這些微妙卻普遍的生活矛盾,成為品牌創新和升級的泉源與動

第九章　打造品牌：先錯維，後錯位

力。新品牌的誕生往往是根植於這些生活中的矛盾點，並透過智慧和創新化解這些問題，為消費者提供更優質、更貼合需求的解決方案。某品牌就是看到碳酸飲料的高糖會引發消費者的焦慮，從而將自己定位於「無糖專家」，這不僅迎合了消費者的潛在需求，還在無糖飲料這個細分領域創造了產業的「神話」。

無獨有偶，在國際市場中，就有這樣的一個品牌，依靠深度的洞察能力成為全球數位充電領域的無冕之王，那就是 Anker。透過深入了解 Anker 的成功之路，你會發現他們對於品類的最佳化有著自己獨到的視角。

2011 年，身在美國的 Anker 創始人遇到了筆記型電腦電池老化的問題，就在他上了亞馬遜想要購買一個新電池時，他開始糾結起來：一個品牌原廠電池高達 80 美元；而一個副廠電池卻只要 15 美元。這樣龐大的落差引發了他的思考，是不是可以有一種具備原廠品質且價格只有原廠一半的第三選擇呢？窺探到了這一品類的最佳化空間之後，他決定創業。創業初期，他們開始篩選供應商小規模地生產筆記型電腦和手機電池，貼上了自家品牌「Anker」並在亞馬遜上架（如圖 9-3 所示）。結果是驚人的，第一年就實現了 1,900 萬美元的銷售額。

圖 9-3　Anker[093]

---

[093]　照片。

然而，新問題出現了，隨著電腦與手機製造商開始將電池設計為不可拆卸，Anker 的電池業務受到了威脅。創始團隊意識到他們需要找到一個新的突破口。但他們並沒有盲目地選擇品類，而是開發了一套爬蟲系統，在各大電商網站的電子產品的交易頁面中尋找負評。根據收集的資料，Anker 團隊很快發現了手機充電器的矛盾所在，由於蘋果、安卓以及筆記型電腦的充電器各不相同，消費者在外出期間，就要選擇攜帶不同種類的充電器，非常麻煩。那麼一款相容多種電子設備的充電器是不是會更加便捷呢？答案是肯定的，這款產品一經推出，再次獲得了極大成功。

Anker 透過持續收集資料，還發現了手機充電線非常容易老化，行動電源太過笨重且顏值太低不適合女生等潛在的問題。因此，Anker 陸續推出了超耐用甚至可以用來做車輛牽引繩的傳輸線，以及口紅形狀的迷你行動電源，都獲得了超越預期的銷量，也奠定了 Anker 充電王者的寶座。

不難發現，Anker 的成長之路並不是閉門造車，能讓他們獲得如此出色成績的，是懂得洞察消費者在電子消費品類背後的痛點，並將這些痛點合理地解決。2020 年，Anker 成功在證券交易所上市，市值高達 4,000 億元。在充電品類的基礎上，它繼續著自己的最佳化之路，並將業務擴展到音箱、耳機、掃地機器人和智慧投影等硬體領域。

在未來，隨著科技的發展以及大數據的加入，讓我們感知品類矛盾的能力也得以提升，更多的新品牌的機會也會呼之欲出。

2. 品類分化

在自然世界的廣闊舞臺上，生物透過不斷的進化與分化找到各自的生存之道 —— 偽裝成樹葉的昆蟲、在深海黑暗中自發光的魚類，牠們用自身的變化展示了生物多樣性的奇妙。在商業領域，品牌也在不斷地探尋並

第九章　打造品牌：先錯維，後錯位

分化自己的「品類生態」，以適應多元化的市場需求。這些微妙的品類演變，正如自然界中的生物適應其環境，尋找或創造出各自的生存空間，讓品牌在繁華的市場森林中找到自己獨特的位置，呈現出無限的生命力與可能。

在當前的商業環境中，品牌細分已經成為一種普遍的定位選擇，特別是在高度競爭的市場中，品牌可以用眾多的維度對於品類進行深度的細分，例如體驗、外觀、材料、工藝、體驗、等級等，以確保與競爭對手的差異性。

文化與體驗細分：有多少種體驗（文化）就會誕生多少種品牌。我們可以將各式各樣的體驗與品類相互融合，就像我們之前講到的咖啡的例子，我們可以將創客的文化與咖啡結合，我們也可以將樂高積木的文化與咖啡結合，我們甚至可以用考古的文化與咖啡結合等，以文化為核心，以產品為載體將會迸發出諸多有趣的品牌。

材料細分：例如眼鏡產業，就可以將眼鏡框的材質細分為貴金屬、金屬、板材、碳纖維、賽璐珞、牛角等，每個材料都可能誕生專業的品牌；在家具產業，有些品牌專注於使用實木、竹子等自然材料，以滿足消費者對原生態生活方式的追求。

工藝細分：在手錶產業中，有些品牌專注於複雜功能（如月相、雙時區等）的製錶工藝，吸引收藏家和專業人士；在陶瓷產業，有些品牌專注於手工製作和傳統燒製工藝，吸引追求藝術和文化的消費者。

此外，品類細分不僅要求市場的可分割性，更重要的是品牌自身要具備與之相配的核心競爭力。擁有絕對優勢的市場往往意味著品牌在該領域有著無可替代的技術、資源或獨特的消費者洞察。比如一個專注於特定技術的公司選擇進入一個與其核心能力高度契合的細分市場，相比於盲目跟風進入熱門但非其專長的領域，前者更有可能在市場競爭中脫穎而出。因

此，成功的品類細分不是簡單的市場選擇，而是基於自身獨特優勢的深耕細作，這需要品牌對自身的深刻認知和市場的精準分析。

3. 品類融合

品類融合指的是兩個或多個不同的品類結合在一起，以創造出新的產品或服務。這種方式有助於品牌在繁雜的市場環境中尋找新的成長點，滿足消費者不斷升級和多元化的需求。它可以打破傳統的品類界限，透過跨界結合，創造出新的價值和體驗。我們在錯維創意以及跨維的概念中，都有提到跨品類融合的概念。拋開錯維創意的形式，那麼品類融合可以從哪些方向入手呢？我們可以將品類融合分為兩種形式。

1. 同客群的不同品類融合，強調的是在同一人群下的品類的跨界融合。不同品類可以透過優勢互補的方式獲得新的物種，也可以透過不同品類的組合，形成全新形態。比如，市場中已經開始出現了中式鮮肉餅加一杯咖啡的早餐形式。

2. 同場景的品類延伸。例如原本的商城只有購物的場景，而現在同場景的延伸場景中，還有吃飯、電影、娛樂等。商業綜合體的形式就這樣因眾多品類的聚合而誕生。電競旅館也是很好的同場景中品類延伸的例子。隨著電子競技的興起，許多年輕人都揪團通宵打遊戲，這時住宿已經成為潛在需求。因此，電競旅館就是在提供住宿服務的同時，為消費者提供專業的電競設施和環境。例如，旅館的房間內可能裝有高規格的電競電腦、舒適的電競椅，甚至提供專業的電競比賽直播。這種電競旅館不僅能滿足消費者的住宿需求，也能滿足他們的娛樂需求。

總之，品類融合的核心在於創造超越原有品類的價值。透過整合不同品類或場景，新的組合如果能提供更高層次的消費者體驗或滿足未被涵蓋

的需求,便擁有更強的生命力。相反,新的組合未能超越原始品類,這種融合大機率只能作為一種差異化的策略來使用。

9.2 鮣魚品牌

那麼,除了以上常見的品類差異方式之外,我們是否可以找到其他的品類差異方法?當然可以,那就是「鮣魚品牌」。

什麼是「鮣魚品牌」?

「鮣魚品牌」這個概念靈感來源於大自然中的鮣魚,與其他自由捕食的魚類不同,這種魚以非常獨特的方式在海洋中生存(如圖 9-4 所示)。牠們有極其敏銳的嗅覺,能夠嗅到大型海洋生物(鯊魚、海龜等)釋放出的化學物質,從而準確地找到自己專屬的「免費班車」。

圖 9-4　自然界中的鮣魚

9.2 鯽魚品牌

牠們會附在這些大型海洋生物的皮膚上,為牠們提供清潔服務,同時從中獲得食物。這種寄生關係為鯽魚提供了生存的保障,同時也為宿主提供了價值。

在商業環境中,鯽魚品牌就是指那些選擇依附於爆紅品類或大型品牌的附屬品牌。這些品牌透過為所依附的大品牌提供延伸產品或特定服務,與強勢品牌形成互惠互利的關係。例如,特斯拉 Cybertruck[094] 還未正式量產,一家名為 Space Campers 的公司就開始圍繞 Cybertrcuk 定向研發了專用的露營裝備(如圖 9-5 所示),這一套裝備不僅用於 Cybertruck 內,還增加了外接配件,除了帳篷與床的配件,你還可以選擇辦公、娛樂、烹飪等多個模組。為了這麼優秀的裝備,是不是要馬上下單 Cybertuck 了呢?

圖 9-5　Space Campers 推出 Cybertruck 露營裝備[095]

由此我們可以明確鯽魚品牌的定義:鯽魚品牌就是依附於爆紅事物(現象、品類或品牌等),為其特定消費者提供延伸產品或服務的品牌。鯽魚與所依附的品牌是互相依存的關係,強勢品牌為鯽魚品牌提供大量的客戶,以及完成市場驗證的明確的消費需求;而鯽魚品牌為強勢品牌提供沒有精力去完善的延伸產品與服務,能夠增加強勢品牌的吸引力和競爭力。

---

[094]　Cybertruck 是特斯拉旗下的一輛電動皮卡車。2019 年 11 月 22 日,特斯拉執行長馬斯克在美國加州洛杉磯舉辦的活動上發表了該公司第一輛電動皮卡車。

[095]　官網:www.pexels.com/zh-cn/photo/9951935

第九章　打造品牌：先錯維，後錯位

在眾多品牌的成長歷程中，我們都會發現鮰魚品牌的身影。在賓士品牌的世界你可能會聯想起諸多經典的系列，但是有一個名字或許你也不陌生，那就是 AMG。

一切始於 1967 年，一個安靜的德國小鎮上，兩個年輕的 Mercedes-Benz 工程師，漢斯·沃納·奧弗雷特（Hans Werner Aufrecht）和艾爾哈德·梅爾切（Erhard Melcher）在一間不起眼的車庫裡，開始了他們的夢想。他們並不滿足於已有的賓士車型，他們希望透過自身的創造力，將原有的賓士車型改造得更加不同。他們的目標，就像鮰魚那樣為所依附的品牌提供超預期的附加價值。

公司成功後第一項業務是最佳化賓士 300SEL 的賽車引擎。他們的努力沒多久就獲得了回報。儘管在德國馬拉松賽事中面臨重重困難，但他們的車輛在比賽中獲得了勝利。這個勝利帶來的並不只是獎盃和榮譽，更重要的是，他們的技術和創新引起了賓士的注意，這為他們提供了與賓士官方更深入合作的機會。

AMG 最終在 1999 年被賓士完全收購，成為其高性能車輛部門的一部分。這個轉捩點可以被看作 AMG 作為一種鮰魚品牌的終極形態，不僅緊密依附於強勢品牌，而且最終完全融入強勢品牌，成為該品牌的一部分（如圖 9-6 所示）。

看到了鮰魚品牌的成長故事，相信對你如何找到自己的定位又有了新的思路。在創業初期，很多創業者很善於低頭研發，然而卻忽略了最為重要的市場與消費者需求的洞察。其實各行各業都存在諸如蘋果、特斯拉這樣的強勢品牌，並已經形成了龐大的消費者群體。那麼此時，我們是否可以重新來定義自己的品牌，能夠成為哪個領域中強勢品牌的延伸產品或服務呢？請仔細思考，不必急於給出答案。

9.3 品牌發展變革

漢斯・沃納・奧弗雷特與艾爾哈德・梅爾切　　1971年SPA賽場上，AMG改裝的賓士300SEL獲得亞軍

圖 9-6　賓士 AMG 歷史 [096]

9.3 品牌發展變革

變革一：品牌顏值經濟

隨著行動網路的不斷普及，人們的社交行為經歷了從線下到線上的重大轉變。這種轉變不僅改變了我們交流的方式，還重塑了他們評價產品和服務的標準，因為這些現在需要滿足的，不僅是功能性需求，更是社交化展示的需求。

在這個變化中，各大社群媒體平臺成了新的「社交主戰場」。在這些平臺上，人們分享的不僅僅是生活點滴，更是他們的生活品質、審美水準和社會地位的展示。因此，消費者選擇的產品，不再只是基於其品質或使用者體驗，而是基於「能否產生高品質的社交內容」或「是否足夠引人關注」。消費者討論的話題不在產品好不好，能否「拍出好看的照片」成了年輕消費族群的熱門話題（如圖 9-7 所示）。

---

[096]　官網：www.mercedes-benz.com.cn/amg-brand/about-amg.html

圖 9-7　地球美食劇場餐廳[097]

因此，當下我們已經進入顏值經濟時代，品牌與消費者的互動已經不再局限於產品，而是如何打造一個沉浸式、高顏值的品牌體驗場景。

圖 9-8　三星「Unfold your world 摺疊勢・集」活動[098]

2023 年 10 月，三星為其摺疊手機造勢，舉辦了「Unfold your world 摺疊勢・集」的快閃活動（如圖 9-8 所示）。活動將科技與藝術完美融合，邀請了摺紙藝術家，以歐式經典建築與紙藝為背景，為消費者打造了一場美

---

[097]　照片。
[098]　照片。

輪美奐的打卡與拍照的場景。「高顏值」、「好拍照」的摺紙藝術很理想地契合了「摺疊」的主題，成功吸引了大批網紅以及年輕人趕去現場打卡。從過去的品牌要求消費者分享，到現在的消費者願意主動為品牌分享，三星這次的快閃活動為許多品牌的行銷方式做出了表率。

變革二：品牌年輕態

　　品牌年輕化一直是近些年被熱議的話題，但是這個概念很有歧義，其實並非所有品牌都適合追逐年輕人的潮流。而是所有品牌，都需要讓自己時刻保持順應趨勢的「年輕態」。其主要原因，還是由於網路加速了流行趨勢的蔓延，加速了品牌自我迭代的週期。

　　每一行，每一業都在經歷著漫長的更新迭代，能夠留下來的大多是大浪淘沙後仍能處變不驚，在變與不變中重新審視新時代消費者的消費意識以及消費通路變化的經典品牌。「烘焙業 5 年洗牌一次」已不是什麼新鮮的傳聞。近幾年，老牌糕點也想要緊跟潮流，要創新，要復古，品牌年輕化的趨勢不容忽視。毋庸置疑，擁有 30 年經典烘焙品牌的 A 品牌，就在這一點上做到了出奇制勝。

　　一提到生日蛋糕，人們會不假思索地回答：「A 品牌，那是我童年的回憶。」自 2014 年起，兩個年輕的品牌二代經營者接班後，這個最大的烘焙連鎖公司就從未停止過「推陳出新」。首先對線下門市進行了顛覆性的升級與改造，並不停迭代全新店型。部分門市的主色已換成了年輕女生們鍾愛的粉色，服務人員也變成了清一色高顏值的網美級陣容，直接提高了門市的魅力值（如圖 9-9 所示）。

第九章　打造品牌：先錯維，後錯位

圖 9-9　經典烘焙品牌的創新 [099]

似乎只有年輕人才懂年輕人，二代經營者改良了 A 品牌的傳統單品，成功引入的熱賣商品「半熟起司」，上市後幾個月間就引爆了門市的銷量。在產品創意方向，A 品牌也從不手軟，並懂得結合本土化做好創新。同時，為滿足消費者好奇心理需求，還推出了「辣味三重巧克力」等限定款，引發年輕人自發分享、傳播的行為，迅速受到矚目。

A 品牌開始化身「聯名狂魔」，只要年輕人喜歡的品牌和 IP 通通都要合作一遍。2022 年，A 品牌在中秋佳節即將到來之際與 42 歲的哈利·波特 IP 聯名，推出了「魔法世界」、「妖怪們的妖怪書」中秋禮盒，它們像是一個可以帶你進入魔法幻境的魔盒，裡面的哈利·波特海報、霍格華茲會動的壁畫直接把氛圍感創造出來，讓你內心產生一萬個「我要買」的消費衝動。

風格、顏值、產品上的耳目一新，使品牌穩穩成為消費者心目中的「NO.1」。其實，每個老品牌的背後都需要有這種「百變」的精神，以極具衝擊力的形式賦予品牌年輕態的效果，打破固有的格局，實現「千店千面」。不管你信不信，我們都不得不承認，產業底層的商業邏輯從來沒有變過。

---

[099]　照片。

最後，還是那句老話，沒有永遠年輕的產品，但可以有永遠年輕的品牌。品牌的存在並不是完全地依靠產品。它更像是能夠撫平人們內心安全感的「情緒管理員」，不論在什麼時代，它都會以自己「受眾」最喜歡的樣子走進他們的內心，治癒每一個需要它的人。

未來優秀的品牌 —— 雙高品牌

未來優秀的品牌將是雙高的品牌，即高價值與高情商。在價值維度中，品牌能夠透過錯維競爭的方式，提供明顯超越同維競爭對手的價值系統；同時在情緒價值層面，品牌能夠成為安撫消費者內心的「靈丹妙藥」。黃牛深夜在迪士尼排隊搶購達菲熊和朋友們的原因，其實是人們渴望達菲熊和朋友們為自己帶來的愉悅感受。

諸多爆紅現象背後實則是情緒的湧動，一家服飾品牌因為在自己最困難的時期堅持為災區捐款，被擠爆了直播間。某燒烤餐廳由於好客與不宰客的行動，獲得了大眾的熱捧。其背後都是情緒共鳴後的出口。再如二次元在日本爆紅的場景，甚至你很難想像，一個男生會希望跟虛擬的二次元人物結婚。很多能夠影響情緒類的產品：紓壓玩具、香薰蠟燭、公仔等都開始變得熱賣起來。

因此，在未來的品牌競爭中，情緒、情感和精神價值成為品牌競爭的新戰場。人們傾向於購買能夠喚起情感共鳴、反映個人價值觀的品牌，這超越了物質滿足，是對心靈深處觸動和認同的追求。因此，新的品牌必須深入挖掘和理解消費者的內心世界，創造能激發情緒、代表個人信仰和生活態度的產品。因為只有這樣，才能贏得消費者的忠誠度和推崇，在激烈的市場競爭中脫穎而出。

9.4 品牌 IP 化

品牌的意義與情緒價值

品牌在當代社會中不僅是商業的標識,更是人們的情感錨點。它們存在的意義超越了產品和服務的基本功能,成為人們在紛繁複雜世界中尋找穩定、信任和歸屬感的橋梁。

那麼信仰與品牌為什麼會存在?回答這個問題,需要回歸到每個人存在的動力是什麼,或者說人是為什麼而活呢?我們可以找到一個詞語來表達,那就是「安全感」。人類生而有追求安全感的本能,這種安全感不僅僅是生理上的,更是心理上的滿足。

為什麼會有這樣的現象呢?那是因為從古至今,外部世界總是複雜的、多變的、不確定的、虛無縹緲的、混亂的;而我們人類內心總是渴望穩固的、精準的、觸手可及的。這樣一來,外部世界與人類內心之間就存在著龐大的矛盾與衝突。因此一個能夠調和這種矛盾的「介質」就變得非常重要,能夠為人們提供「安全感」的事物應運而生,它可能是一種信仰,可能是一個品牌,也可能是其他。

所以,品牌成為消除外部複雜性和內心需求之間差距的關鍵「介質」,它是抵禦混亂、不確定性的盾牌。透過創造一致的品質、信念、故事或撫平不安內心的情緒,品牌建構了一個可預見的、可信賴的空間。無論是一枚鑽戒,還是一件名牌服飾,這些都不僅僅是物質或觀念,而是安全感、自信、歸屬和認同感的象徵。它們緩解了人類內心的焦慮,滿足了人們對穩定和一致的需求,甚至於在某種程度上,幫助個體建構自我認同和社會地位等,在變幻莫測的世界中為人們提供心理的避風港。

9.4 品牌 IP 化

就像馬斯洛需求理論中所講的那樣,當人們的基礎需求被滿足後,人們的需求層次將會向更上層發展。所以,隨著物質生活的滿足,人們對於品牌的要求不再是簡單的功能性,他們希望品牌如同好友般的存在,他們希望在品牌身上獲得情感的共鳴與彌補,以及希望透過情感的不同需求,為自己貼上特定人群的標籤。

情緒價值的需求是因,品牌的人格化轉型是果

如果說情緒價值的需求是因,那麼品牌的人格化轉型就是果。現代消費者更傾向於那些能聽懂他們內心、理解他們需求,甚至在情感上給予支持的品牌。他們不滿足於單一的購物經歷,而是渴望品牌與他們能夠更深層次地互動和情感交流。消費者不再希望面對冰冷的商標與毫無情緒的廣告語,他們更希望品牌能夠像自己身邊的摯友,能夠撫慰他們的心情,建立真實、深刻的「人際」關係。

在這個過程中,每一次行銷傳播,每一個廣告語,乃至每一款產品,都不再是簡單的訊息或物品傳遞,而是需要轉變為品牌與消費者之間情感互動的載體。品牌需要學會傾聽、對話,甚至是情感上的相互依賴,透過用心挑選和推出真正具有溫度的產品,讓消費者感受到獨特的關懷和理解。這樣的人格化轉型,不僅能增強消費者的歸屬感和忠誠度,也將品牌推向一個全新的情感高度,創造出更加堅實和持久的市場地位。

落腳於品牌的表現方式,IP 化是人格化的主要表現形式。IP(Intellectual Property),直譯為「智慧財產權」,是用知識或腦力所創造的一種獨特的表現形式而形成的資產。文學、影視、動漫、遊戲等,都可以是 IP 的一種表達形式。品牌 IP 可以理解為,是集合了品牌的價值觀、世界觀

第九章 打造品牌：先錯維，後錯位

而形成的生動的卡通人物形象。品牌 IP 化打破了傳統品類的概念，從最早期的品牌聚焦於某一個細分品類，到現在的人們愛上某一 IP，就希望獲得這個 IP 的所有產品。品牌的邊界被 IP 無形中放大，這可能也是品牌 IP 的魅力所在吧。

圖 9-11　北京故宮博物院與敦煌博物館 IP[100]

---

[100]　照片。

9.4 品牌 IP 化

在早期的商業中，不少國際品牌也是憑藉著有趣的 IP 人物，獲得大眾的認可：比如米其林的輪胎人，它是一種有趣的卡通形象，但同時也代表了米其林的品牌精神——追求卓越和品質。又如 M&M's 巧克力豆的角色形象，它們各有特點，有的調皮，有的酷炫，使得品牌更加生活化，有親和力，與消費者產生更深的連接。

除了對於商品的帶動之外，IP 對於文化旅遊的影響同樣強大。不少博物館都透過 IP 的運作收穫了眾多粉絲（如圖 9-11 所示）。

2010 年，為了推廣即將開通的新幹線和提升熊本縣的知名度，熊本縣政府創造了一隻萌態可掬的吉祥物——熊本熊（如圖 9-12 所示）。與傳統的地方吉祥物不同，熊本熊的行銷策略是開放的——以免費且極少的使用限制授權商家和個人使用熊本熊的形象進行商品化。

圖 9-12　熊本熊 [101]

---

[101]　熊本熊官網。

第九章　打造品牌：先錯維，後錯位

熊本熊不僅是一個吉祥物，更是熊本縣的「銷售大使」。在社群媒體上，它就像一個真實的網紅，分享生活點滴，與粉絲互動，用它那無所不在的「萌」力，跨越年齡和國界，俘獲了無數粉絲的心。更難得的是，在2016年熊本地震那一刻，這隻黑白小熊立刻化身希望的使者，為災區帶來了力量和勇氣，其社會價值和品牌影響力得到了空前的提升。

B. DUCK 小黃鴨是一個專注於 IP 運作與授權的知名 IP（如圖 9-13 所示）。B. DUCK 誕生源於創始人看到一則有趣新聞：一場突如其來的風暴襲擊了一艘駛向美國華盛頓的貨輪，船上的貨櫃不慎墜海，導致 29,000 個塑膠小鴨環球漂流的故事。2022 年小黃鴨在香港上市，並擁有超過 1,900 萬名粉絲。

圖 9-13　B. DUCK 小黃鴨[102]

[102]　照片。

9.4 品牌 IP 化

　　IP 化的熱潮正逐步在全球蔓延開來，就連 NBA 也在逐步拓展其 IP 的影響力（如圖 9-14 所示）。NBA 的成功不僅基於球場上的精采比賽，還在於其巧妙地將比賽、球員和經典瞬間轉化為獨特的內容資產，與粉絲建立深厚的情感連接。基於這一點，NBA 進一步將其品牌化，並與各大品牌進行授權合作，推出籃球鞋、服裝、帽子等多樣產品，同時還深度挖掘 IP 價值，推廣模型公仔、遊戲和動畫等周邊，滿足粉絲的多元需求。

圖 9-14　NBA IP[103]

---

[103]　照片。

第九章　打造品牌：先錯維，後錯位

第十章

萬物皆可錯維

　　維度變化的奧妙猶如一顆永動的魔術方塊，旋轉、轉動，每一個角度都孕育著新的奇蹟。在錯維競爭的世界裡，我們如同巧手之間的魔術方塊，不斷地調整、變換，探尋那些潛藏在日常生活中的奧祕，探索嶄新的天地。

第十章　萬物皆可錯維

10.1　一切皆可錯維

你會發現不僅僅是競爭，錯維也可以運用到商業或生活的各個領域。我們可以將錯維視作一種突破原有維度局限的思考模式。在這個新的思考模式中，我們可以將多維中的事物重組，或是運用維度的改變達成以強勝弱的結果。

在藝術與設計領域，錯維思考可以激發藝術家和設計師的創造力，打破傳統的審美觀念，創造出獨具匠心的藝術品和設計作品。建築師可以將綠色環保與時尚設計相結合，為城市帶來更具生態意識和美感的建築；時尚設計師可以將傳統文化與現代潮流相融合，打造獨特的時尚風格。

在教育領域，錯維思考可以提供教育領域的創新方法，打破傳統教育模式，為學生創造更加有趣、高效的學習體驗。如透過將遊戲化元素融入課堂教學，讓學生在遊戲中掌握知識；或將虛擬實境技術應用於教育，讓學生身臨其境地感受歷史事件或自然現象。

在企業策略中，錯維思考可以為企業策略提供更完整全面的視角，並打破傳統的線性分析模式，為企業提供一種更為開闊、多元的分析方式。使得決策者能夠超越現有的產業鏈條，進行橫向和縱向的維度分析、辨識、拆分，並重新整合產業鏈的不同層面。企業能夠重新配置資源，加強其核心優勢，可能是透過技術創新、合作或兼併等方式，在某個或多個環節中形成絕對的競爭優勢。

錯維盈利

錯維盈利可以理解為，依靠不同維度盈利方式的交叉補貼而建構的盈利。可以理解為用多維盈利對單維盈利模型的品牌進行打擊，或是在競爭

對手同時多維盈利模型的前提下,主動降低某些維度的盈利性,以獲得競爭優勢的方式。

例如特斯拉的循環降價,就是希望降低自身在汽車銷售中的收益,來換取市場中的更大占有率。然而,特斯拉在產業中能夠獲得更大占比之後,它正在布局多維盈利系統。

1. 能源儲存與分發

特斯拉已經進入了家庭和商業能源儲存市場,推出了 Powerwall、Powerpack 和 Megapack 等產品。這些能源儲存系統可以與太陽能電池板結合使用,為使用者提供獨立於電網的電力解決方案。特斯拉還有可能進一步擴展其在可再生能源領域的業務,例如投資或建設太陽能發電廠或風力發電廠。

2. 自動駕駛技術與車用軟體

特斯拉正積極開發自動駕駛技術,與眾多的車用軟體。隨著技術的成熟,特斯拉可以透過訂閱式的自動駕駛軟體,或提供自動駕駛計程車服務(特斯拉 Robotaxi)等方式實現盈利。

3. 充電基礎設施

特斯拉已經建立了全球最大的電動汽車充電網絡 —— 特斯拉超級充電站。隨著電動汽車市場的不斷擴大,特斯拉可以透過增加充電站數量,甚至可以開放為其他品牌電動車提供付費充電服務來獲得更多收益。

4. 中古車市場

特斯拉可以透過中古車銷售、租賃，以及提供中古車售後服務等方式拓展其在中古車市場的盈利空間。

5. 資料與網路服務

特斯拉汽車在行駛過程中會產生大量資料，特斯拉可以分析這些資料，為汽車製造商、保險公司、政府等提供有價值的資訊和服務。此外，特斯拉還可以透過提供車聯網服務、車輛遠端監控等加值服務來實現盈利。

試想一下，在其他車商還在從單一維度的車輛銷售中獲取利潤時，特斯拉的多維盈利讓其獲得充足的發展潛力。而此後，如果其他車商也了解到多維盈利模型的重要性時，特斯拉或許會選擇主動放棄部分盈利維度，僅專注於如大數據和軟體等關鍵領域。這種策略調整將使特斯拉在面對那些仍以單一模式盈利的競爭對手時，擁有壓倒性的競爭力。

錯維行銷

在行銷溫度中，當品牌能夠跳出同維的行銷限制，你將獲得更多的行銷可能性。在辣椒醬市場的激烈競爭中，大多數品牌往往會選擇電商，或者大型超市的通路。而 A 品牌辣醬卻另闢蹊徑，選擇了競爭對手尚無涉足的新管道，當然，這一切都源於虎邦辣醬對於新場景的洞察能力。

經過仔細的研究，A 品牌辣醬發現，人們往往在菜餚口味較弱的時候會選擇吃辣椒醬，那麼在哪個場景中，飯菜的口味會偏弱呢？外送，一個精準的場景開始浮現出來。那麼 A 品牌辣醬是否可以作為一種外送的佐餐醬料出現呢？此外，A 品牌辣醬沒有選擇直接賣給 C 端消費者，而是選擇

與外送的商家進行合作，成為提升外送商家菜色口味和提升客戶服務的附加品。這樣的選擇，讓 A 品牌辣醬一下子從傳統辣醬的通路中跳脫出來，成為外送市場中辣醬的絕對王者。

再者，透過維度的改變，切換行銷對象成功的例子也有很多。例如，同樣是衛生棉的銷售，大多數人的固定思維會停留在如何更有效地向女性推銷這一產品。然而，少有人考慮到將目標人群轉向男性，他們思考的是，為何我們不能將衛生棉定位為男性送給女性的一種關懷的禮物，從而拓寬新的消費場景與通路？

此外，有效地利用錯維創意製造行銷的話題，也是錯維行銷的一種非常好的方式。錯維創意在行銷中就像是一場有趣的魔術表演，它能在意料之外點燃公眾的好奇心，讓品牌成為眾人關注的焦點。就拿 2021 年那件鬧得沸沸揚揚的 Tiffany 手環事件來說，一款與廚房裡的鋼絲球驚人相似的手環居然標價 350,000 元，這一怪異組合立刻成為社群媒體上的熱議焦點。神奇的是，這一事件雖然沒有任何的行銷投入，卻獲得了意想不到的行銷效果，可見錯維創意的影響之大。在新品牌的行銷中，如果希望在有限的經費下，獲得更好的行銷效果，發動你的大腦，開始一場錯維創意的腦力激盪必不可少。

10.2 不同能力創業者的錯維思考

常態分布，在統計領域是一種基礎卻至關重要的機率分布形式。它猶如一座優美的鐘形山峰，山頂是平均數，而山腳兩端則稀疏地分布著極端值（如圖 10-1 所示）。這不僅是數學模型，更是自然與社會現象的真實對映。

第十章　萬物皆可錯維

而在現實世界中，人們的能力分布也如常態分布一樣。極具天賦的人與能力極弱的人是很少的一部分，而一般能力的人往往占了社會絕大多數。我們可以根據常態分布將創業者分為三個組別：強勢型選手、一般型選手與弱勢型選手。那麼每個組別的創業者應該如何應用錯維的方法呢？這事值得探討一下。

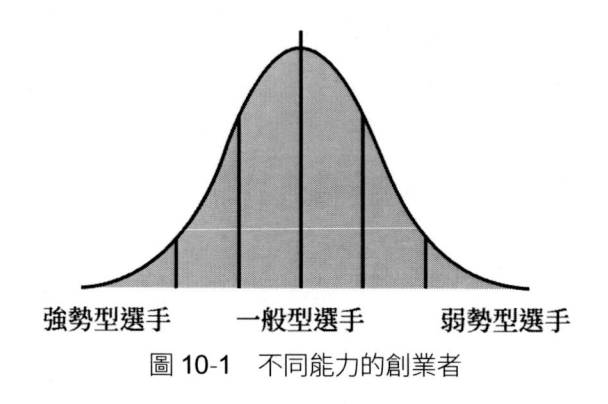

圖 10-1　不同能力的創業者

第一組：強勢型選手，趨勢的製造者

強勢型選手也可以被理解為天才型選手。這些創業者位於常態分布的左側尾部，也就是極值部分。他們是那些具有非凡才華、獨特視角和無人能敵的執行力的創業者。他們的創業計畫通常具有顛覆性和創新性，能夠引領市場和產業的發展。

在現實世界，天才的能力是藏不住的，如莫札特（Mozart）4歲演奏，5歲譜曲，7歲巡迴演出；達文西（Leonardo da Vinci）不僅僅繪畫了舉世聞名的〈蒙娜麗莎〉（*The Monna Lisa*），他同時還是數學家、地質學家、天文學家、生物學家、解剖學家等，在各大領域都具有突出的貢獻，並早在500年前就設計出飛機的概念。

10.2 不同能力創業者的錯維思考

在歷史的長河中，偉大的天才總是引領時代的先鋒。從哥白尼（Nicolaus Copernicus）的日心說，到牛頓（Isaac Newton）的萬有引力定律，再到愛因斯坦（Albert Einstein）的相對論，他們勇敢地挑戰既有的認知，將原本看似不可能的事物變為現實。天才們用自己的智慧點燃了進步的火把，為世界帶來了一次又一次的科技革命。而在商業領域，天才們同樣身披光環，以創新的理念引領市場趨勢。賈伯斯（Steve Jobs）將科技與藝術融為一體，讓手機從實用工具變成時尚配件；馬斯克則用他的野心和毅力，引領人類探索太空和新能源，拓寬了我們的視野。這些天才以非凡的勇氣和智慧，塑造了新的產業格局。

在激烈的商業競爭中，不斷地「超維」才是天才型創業者最佳的選擇。他們總是能站在時代的尖端，捕捉到潛在的需求，為我們帶來更多出乎意料的驚喜。他們超越了一般思維的限制，突破了同一維度的桎梏，展現了前所未有的創造力。「超維」不僅為他們自身帶來強大競爭優勢，也推動了新的市場「趨勢」的誕生，推動著社會進步和產業革命。在不斷變革的時代，強勢型選手的超維思維成為改變遊戲規則、引領趨勢的關鍵力量。

第二組：一般型選手，趨勢的受益者

大多數的創業者是一般型選手，這些創業者位於常態分布的中間部分，也就是平均值附近。他們是那些具備一定才華和能力，能夠穩健地推展和管理創業計畫的人。那麼這一類型的群體需要運用什麼錯維方式呢？這裡我們可以先讀完下面的小故事，再來思考問題的答案。

賽局理論中有這樣一個經典案例「智豬賽局」，講述的是在同一個豬圈裡，有一頭成年豬和一頭幼豬。食槽的開關和食槽，各被分配到了豬圈

的左右兩邊。這時候幼豬可以有兩種選擇,一種是主動去按食槽的踏板,但跑到另一邊食槽吃食的時候,可能食物已經被大豬全部吃完;另一種是守候在食槽邊,等待大豬去踩食槽的踏板。對於幼豬而言,較明智的策略就是靜靜地在食槽旁等待,讓大豬去踩食槽的踏板(如圖 10-2 所示)。

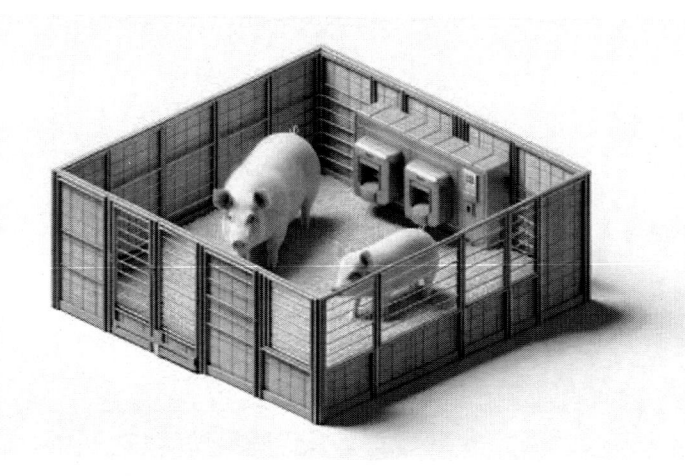

圖 10-2　智豬賽局

看到「智豬」的選擇,不禁讓我們看到了似曾相識的場景,彷彿自己就是那隻一直去踩食槽踏板的小豬,結果總是飢腸轆轆的。有時候,我們不一定要去做完全的創新,在已經被驗證好的趨勢下做事,肯定更加輕鬆。幸運的強者做好 0～1,一般創業者做好模式改良後的 1～10,000。成長中的每個階段需要做出的行動都不一樣,根據自身的能力來思考與行動很重要,在弱勢時學會累積實力,在強勢時懂得捨命狂奔。

在我們大談差異化的同時,很多成功的品牌都是順應趨勢的產物,它們大多是在原有的成功的案例基礎之上做了自身的改良。在大的趨勢下做「小而美」,我們需要打開自己敏銳的眼光,當一個概念或品類飛速成長的

10.2 不同能力創業者的錯維思考

時候，我們需要透過這個點看到立體的空間。一個價值系統成功後，其系統之下會誕生一個可進入的趨勢空間，在這個價值空間中，你可以透過價值提升，勢能傳遞，找到自己可以棲息的地方。換句話來講，就是一個商業模型成功之後，它並非最完美的狀態，這就是留給後進入者去改良並演化的空間（如圖 10-3 所示）。

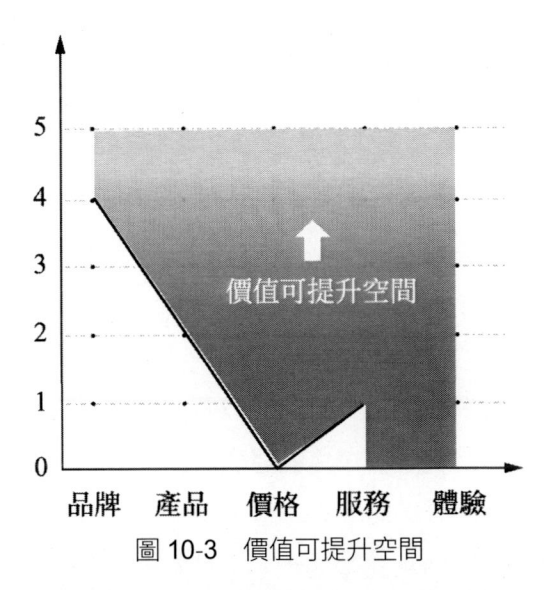

圖 10-3　價值可提升空間

現實中，我們的創業者常常渴望尋求標新立異的概念，但大多數時候，由於自身的能力所限，我們無法達成那些「超維」的結果。這會使得自己掉入一種內耗的狀態。因此，一般型創業者最佳的選擇，就是去捕捉那些天才型選手所達成的「超維」的趨勢。在趨勢之下，運用錯維競爭的方式對自身的產業進行改良，做出更理想的「價值系統」，成為趨勢的真正受益者。

第十章　萬物皆可錯維

第三組：弱勢型選手，趨勢的參與者

　　弱勢選手，這些創業者位於常態分布的右側尾部，也就是極值部分。他們可能在資源、能力或經驗上有所不足，創業過程可能會遇到更多的困難和挑戰。但是，這並不意味著他們就沒有成功的可能性。讀完查理的故事相信你就會有所啟示：

　　1998 年，32 歲的查理終於告別了洗碗人員的日子，來到一位有錢人家裡做飯。然而，女主人的嚴苛卻讓查理想要儘早逃離。恰逢此時，一家小科技公司正在應徵一位廚師。查理過關斬將，很輕鬆地來到了最後一輪面試。面試官嘗過查理手中的美食後，要他回家等消息。然而，整整四週過去了，音訊全無。正當查理忍無可忍的時候，那家小公司終於打來電話，邀請他週一報到。

　　查理滿懷信心地來到這家新公司，然而，他看到的卻是一群彼此打鬧的員工，工作狀態也是悠閒自在。就連公司送菜的供應商都翻著白眼說，這種小公司遲早要倒閉。然而，查理還不知道，他的人生正在經歷一場巨變。之後，公司規模開始極速地變化，從最初的十幾人，迅速擴張至 500 人，查理也晉升為廚師長。某天，會計跑來告訴查理要抓緊時間認股。雖然查理一頭霧水，但在同事們的勸說下，他向父親借了錢加入了這場毫不知情的投資。2004 年 8 月 19 日上午 9 點，這家曾經的小公司「Google」在那斯達克成功上市。查理手裡的股票瞬間翻了數千倍，就這樣，查理一夜暴富，過上了他的完美人生。

　　或許我們會感嘆，不是人人都有查理這般的好運，但如果我們能善用錯維價值系統的分析，找到身邊那些有潛力的企業，並儘早成為它們很小一塊業務的合作夥伴，是否可以很好地搭上未來的「順風車」了呢？就如

同上一章我們講到的「鯽魚品牌」，我們不一定要成為巨人，但能夠站在巨人的肩膀上也是另一種成功。我們身處的是一個強者更迭、弱者長存的世界。所以弱勢並沒有什麼不好，但重要的是你選擇與誰同行。

10.3 人生也需要錯維

其實，人生的經營又何嘗不是像企業的經營一樣，我們也需要找到自己人生的「生態位」。但由於思考僵化與從眾的心理，我們往往去到了與自身能力相近的「同維競爭」環境，以至於淪為「消耗戰」的犧牲品，始終不能脫穎而出。那麼錯維又能為我們的人生帶來什麼樣的思考，而我們又需要做哪些事情來達成錯維的狀態呢？

讓自己的優勢找到絕對優勢的「位置」

想像一下，你是一位廚藝尚可，但擁有耐心與優秀表達能力的廚師。在五星級飯店的廚房中，你的競爭對手都是經驗豐富、技藝高超的大廚。在這樣一個高水準的團隊裡，你自認為優秀的廚藝可能會變得黯然失色，甚至只能淪為做幫廚的工作。那麼，在這個關鍵時刻，你需要深入思考如何在特定場景中將自己的優勢發揮到極致。

某天，機會降臨。一個電視節目正在尋找一位廚師，專門教孩子們如何烹飪美食。正好，你的耐心與溝通表達能力在這個場景下變成無法抵擋的獨特優勢。在這個舞臺上，你展現出了無限的自信，令你在節目中表現出色，一舉成為教孩子們烹飪的最佳導師。

第十章　萬物皆可錯維

　　這個過程中，你的能力並沒有改變，變的只是廚藝的應用場景。這就是錯維競爭的魅力所在——尋找到一個能將自身優勢轉化為絕對優勢的場景，讓你在競爭中脫穎而出。在這個簡單的故事中，我們看到了「位置」的重要性，那麼，你的專業還可以應用到哪些場景呢？

善於與他人合作，用自身價值與他人創造新的價值組合

　　人生旅途中，我們需要與他人攜手，才能創造超預期的價值。善於與他人合作可以幫助我們實現更快的進步，共同成長。例如，NBA 偉大球員柯比‧布萊恩的成長經歷，他的天賦和技藝無可挑剔。然而，在他的職業生涯初期，卻非常習慣於單打獨鬥，這種風格雖然讓他獲得了一些勝利，卻並沒有為他的團隊帶來足夠的成功。

　　在季後賽的一場關鍵比賽中，柯比再次選擇了自己衝，試圖用他強大的進攻能力贏得比賽。然而，這一次卻遭遇了嚴重的失敗。面對強大的對手，柯比獨行俠的策略不僅讓他自己陷入困境，也讓整個團隊陷入谷底。這場失利，成為柯比職業生涯中的一個重要轉捩點。

　　心灰意冷的柯比意識到，他需要改變自己的比賽風格，學會與隊友協同作戰，共同創造勝利的契機。於是，柯比開始將自身的方向放在提升團隊合作能力上。他不僅在場上與隊友們更加有默契，還花費大量時間了解他們的特點與優勢，以便更好地將每個人的價值融入團隊中。自此，柯比從一個以自我為中心的得分手，逐漸成長為一位真正的團隊領袖。

　　人生很多時候也跟一場籃球賽相似，並非單人比賽，而需要用自身的優勢充分地與他人合作。只有當我們願意放下以自我為中心，與他人的力量和智慧融合，才能激發出足以點亮星空的光芒。這不僅僅是簡單的力量

匯聚，而是一種超越自我的昇華，是深刻了解到：在這個相互連繫的宇宙裡，我們只有彼此依賴，才能共同鑄成生命的網。

當我們學會傾聽與合作，不再僅是為了自己的聲音而唱歌，而是為了整個合唱團的和諧，那麼，每一個在生命賽場上努力奔跑的靈魂，終將成為這首交響樂不可或缺的音符。

懂得替自己增維，打好價值組合，獲得競爭優勢

為了在激烈的競爭中脫穎而出，我們需要拓展自己的多維價值。這意味著我們需要在一個領域獲得優勢的同時，發掘其他領域的潛能。比如，知名歌手泰勒絲（Taylor Swift），她不僅是一位成功的歌手，還是一名出色的詞曲創作人、演員和慈善家。泰勒絲在音樂、表演和慈善等事業中都獲得了極大的成功，使她的人生更加豐富多彩，同樣也使她在粉絲心中的位置堅不可摧。

「不想當廚師的裁縫不是好司機。」曾是網路上一個很紅的句子，網友也紛紛套用這一樣的句式來嘲諷自己的職業。然而從現在的角度來看，這句話似乎更有深意。在自媒體盛行的時代裡，你會發現，想要做好自己的自媒體帳號，只會文案也是「寸步難行」的事情，市場多元化的需求，使得創作者需要具備拍攝、剪輯、表演、營運能力及專業知識，甚至於藝術與審美能力都是缺一不可的。雖然你會覺得太過煩瑣，但這也恰恰是一些短影片創作者能夠快速崛起的原因。

在當今競爭激烈的社會中，不論從事什麼職位，拓展自己的多維價值都已經成為一種必然。單維價值意味著個人只在某一領域具備優勢，而在其他方面則表現平平。這種情況很容易使人在工作中被取而代之，甚至很

容易被工作淘汰。因此，我們應該學會跳出自己的舒適圈，探索新的領域，提高自己在多個方面的價值。

持續自我認知提升，不斷自我「升維」與「超維」

人生，就像是一部厚重的書，每翻過一章，都是新的啟示和成長。在這個不斷變化的世界裡，我們每個人都在書寫自己的故事，而「升維」與「超維」，則是那些讓故事變得豐富多彩的精采篇章。想像一下，當我們小的時候，整個世界似乎就只有家和學校，但隨著年齡的增長，我們的世界觀開始拓寬，原本的認知被新的經歷所替代。這就是「升維」——一種對生活更深、更廣的理解和掌握。

而超維就是當你開始質疑常規，當你不滿足於現狀，開始設定對自己的更高要求時，不斷自我突破的過程。就像是攀登一座座綿延不斷的山，每到達一個新的高度，都能看到之前未曾發現的風景。那種喜悅、那份成就，是前所未有的。

這樣的自我提升和超越，將是我們一生的課題。它不僅是獲取新的知識，更是一種內心的成長和精神的昇華。它要求我們不斷審視自己，勇於面對自己的不足，勇於走出舒適圈。請謹記，無論歲月如何變遷，保持好奇心，持續學習，勇敢面對未知，就能夠書寫出屬於自己的精采故事。

總之，人生同樣需要錯維，我們應該充分了解自己的優勢，善於與他人合作，拓展自己的多維價值，並持續自我認知提升。只有這樣，我們才能在這個充滿競爭的世界中大放異彩，實現自己的人生價值。從普通創業者到成功企業家，從職場新人到產業領袖，每個人都可以從錯維的思考中受益，為自己的人生插上翅膀，勇敢地追求夢想。

10.4 錯維離不開高維認知

《教父》(The Godfather) 電影的主角曾有這樣的一段經典臺詞：「在一秒鐘之內看到事物本質的人，和花了半生也看不清一件事本質的人，命運是截然不同的。」其實這個臺詞的核心，講的就是人的認知差異。

認知指的是人們對外部世界的資訊進行感知、理解、處理和應用的過程。簡單來講，認知就是我們判斷外部事物的能力，我們也可以將認知理解為大腦的運算模型（演算法），它決定了你的世界，事物與事物之間的連接關係。更高維的演算法能夠相容低的演算法，相反，單維的演算法無法相容其他事物。然而，由於人的知識結構與經歷不同，我們可以將人的認知分為三個層級，即單維認知、多維（高維）認知與錯維認知。

單維認知

曾經在網路上看到這樣一個關於單維認知的有趣故事。講的是一個上班族的兒時回憶，他生活在一個遙遠的小鎮上，那時候所有的孩子都沉迷於經典的電視劇《西遊記》。但班上同學都認為唐僧的袈裟是黑色的。然而，只有他堅持認為唐僧的袈裟是紅色的。這讓所有同學都非常生氣，狠狠地把他打了一頓。

但這位同學依舊不服氣，決定帶全班同學到他家，讓大家親眼看看唐僧的袈裟到底是什麼顏色。就這樣，所有同學好奇地來到了他家，當螢幕上出現了穿著鮮紅色袈裟的唐僧時，同學們開始抱頭痛哭起來 —— 他家竟然有一臺彩色電視機！

可見，處在單維認知的人，只能從自己的喜好及已知的資訊來評判問

題。這就像電腦只有單核心處理器，只能處理極為簡單的事情，容易受到局限和偏見的影響。對於自己沒有親眼見過的事物，第一反應就是錯的。

多維（高維）認知

美國社會學家史考特・佩奇（Scott E. Page）曾表示：「一個人是否有智慧，並非由智商決定的，而取決於他思考模型的多樣性。」

多維認知正是如此，隨著知識累積和經驗的豐富，人們逐漸意識到事物的複雜性，可以站在多個不同維度、角度來審視和分析問題，甚至大腦中同時可以容納完全對立的觀點。這種認知方式有助於我們在多個層面上了解事物的本質，更接近現實。多維認知看待問題更有深度，且擁有更高的兼容性。

在紀錄片《解碼比爾蓋茲》（Inside Bill's Brain: Decoding Bill Gates）中關於貧困地區水源問題的場景，展示了比爾蓋茲（Bill Gates）對問題的全面而深入的思考。在這個場景中，大多數人在關注貧困地區水源問題時，往往只看到了表面現象，即缺乏水源，因此他們認為提供水源就能解決問題。

然而，比爾蓋茲認為，解決貧困地區水源問題的核心不僅在於提供水源，更在於如何處理生活汙水，並合理分配和利用這些水資源。這種多維視角讓比爾蓋茲能夠更全面地理解問題，並找到更有效的解決方案。因此，比爾蓋茲發起了一項名為「廁所革命」的計畫，旨在改進衛生設施，減少水汙染，提高水質，最終他們找到了汙水可以循環使用的方案。

在多維認知的世界中，人們不再以自我為思考中心。它要求我們能夠時時「清空」自身固化的思考模式，這不是指遺忘個人的經驗知識，而是

10.4 錯維離不開高維認知

放下那些框定思想的界限和先入之見。

在多維思考的指導下，個體不僅學會傾聽不同觀點以理解形成它們的邏輯和價值，而且透過開放性和靈活性，在面對新挑戰時能快速適應，合併各種可能性創造出新的方法。

錯維認知

錯維認知是在多維認知的基礎上，人們進一步拓展認知邊界，嘗試不斷突破維度極限，從而達成發現新的視角。錯維認知中，不再存在維度邊界的障礙，萬物可以自由連接。

在 16 世紀和 17 世紀的歐洲，主流接受的觀點是地心說，即認為地球處於宇宙的中心，太陽和其他行星圍繞地球運動。然而，伽利略 (Galileo Galilei) 繼哥白尼之後再次提出日心說，即太陽位於宇宙中心，地球和其他行星圍繞太陽運動。這一觀點的提出，相當於以一人之力挑戰了 1,000 多年的世界觀。

伽利略透過自己製造的望遠鏡觀測了天文現象，發現了許多證據支持日心說。例如，他觀察到了木星的衛星，這是地心說難以解釋的現象。他還觀察到了金星的相位，證明了金星圍繞太陽運動，還運用一系列實驗捕捉到了慣性等。伽利略勇於證明日心說的行動，對當時的科學界產生了深遠的影響，使得日心說逐漸被接受。

與多維認知不同，錯維認知不僅能夠相容多個維度的存在，還使其不再受到每個維度框架的限制，並可以將多個不同維度重新進行排列組合。

綜上所述，從單維到多維，再到錯維，人類認知的拓展不僅展現了對事物更深入、更全面的理解，也彰顯了創新和跨界思考的可能性。在這個

第十章　萬物皆可錯維

過程中,我們不斷地突破自身認知的局限,不斷探索和嘗試,以適應不斷變化的世界。

然而,多維認知與錯維認知,都是建立在我們自身心量提升的基礎之上。因為只有當我們有足夠的心理空間,才能勇敢地面對未知和不確定性,才能在混沌中尋找秩序,在錯誤中尋找真理。所以,如果我們希望擁抱美好的未來,那麼心量與認知的提升將是我們每個人終身需要踐行的事情。

圈層是認知的土壤

如果希望快速地獲得認知的提升,那麼沒有什麼比融入一個好的圈子更便捷的事情了。因為人很難認清真實的自己,所以優秀的圈子,能讓你跳出自我「屏障」,站在更高的維度去看待問題。

想像一下,如果你經常與各個產業的經營者一起討論問題,並把酒言歡。那麼你是否能從他們身上學到些什麼呢?好的圈層能推動彼此進步與成長,也是最好的認知的土壤,尤其是在商業領域。

不僅是初創公司的創業者,就連世界頂尖的企業家,也依然離不開優秀的圈子與時常可以對自己指點迷津的摯友。投資大師華倫・巴菲特(Warren Buffett)與微軟創始人比爾蓋茲的友誼就是這一例子,儘管他們的背景、經歷和產業各異,卻因為志趣相投而成為好友,相互鼓勵,成為彼此人生道路上的明燈,共同面對商業世界的挑戰。他們的友誼跨越了年齡與產業界限,見證了他們在商業領域裡共同成長與獲得成功的過程。

31年前,一場活動中的偶遇讓他們成為朋友。那天,巴菲特和比爾蓋茲應邀參加一個朋友的聚會,雖然兩人對這場聚會並無太多期待,但在聚

會上卻發現彼此、聊得投機。從那以後，他們開始保持聯絡，成為無話不談的密友。巴菲特的謙遜與智慧深得蓋茲欣賞，而比爾蓋茲則因為獨特的商業視角而得到巴菲特的認可。

他們的友誼並非建立在利益交換的基礎上，而是建立在相互尊重與共同成長的基石上。在商業領域，他們相互學習，時常交換自己在同一件事物上的不同認知，共同進步。比爾蓋茲曾經向巴菲特請教如何更好地管理財富，而巴菲特則向比爾蓋茲請教如何運用科技改變世界。在彼此的人生中，他們成為對方最好的老師與朋友。在生活中，他們也互相關照，彼此分享快樂與痛苦。有趣的是，這兩位成功人士都有一個共同的愛好：熱愛吃「垃圾食物」。他們一起品嘗漢堡、薯條等速食美食，享受簡單而快樂的時光。

此外，他們還共同投身於慈善事業。2010 年，巴菲特和蓋茲共同發起了「捐贈誓言」（The Giving Pledge），承諾將大部分財富捐贈給慈善事業。他們希望透過自己的努力，讓這個世界變得更美好。

然而，圈層的連接，依然需要價值的互換。這段友誼為他們彼此帶來了新的視角，激發了商業上的靈感，讓他們的生活更加充實。這種跨維的友誼，同樣也為他們提供了更廣泛的圈層，幫助他們結交更多志同道合的朋友，不斷提高自己的認知水準。華倫・巴菲特與比爾蓋茲的友誼故事充滿了歡樂與感動。他們的經歷讓我們明白，真正的友誼不僅能使我們在事業上獲得成功，還能讓我們的人生更加豐富多彩。

所以，想要獲得看待事物的多面性，環境與周圍的人才是關鍵。融入優秀的圈子不僅意味著與卓越的人為伍，更意味著能夠吸取各種獨特的觀點和經驗。每個人都有其獨特的生活背景、知識和見解，與他們互動、交

第十章　萬物皆可錯維

流，就如同為自己的心智地圖增加了新的維度。這些不同的維度能讓我們更加深入地了解世界，看到平常可能忽視的事物的深層內涵。

10.5 錯維創業者成長社群

　　錯維創業者成長社群是一個新的構想，希望大家可以透過成長社群建構一個錯維思考的共識圈子。在這個圈子中，每個人都可以自由地交流思想，共同努力，提高彼此的認知水準。更為特別的是，透過這個共同的錯維思考框架，各企業可以明確自己獨特的競爭之路。這不僅僅是一個單獨成長的過程，更是一個團結合作、互相支持、共同成長的旅程。透過錯維創業者成長社群的形式，我們可以獲得：

1. 在別人視野中看到自己的盲點

　　作為創業者，我們常常沉浸在自己的創業世界裡，難以發現一些潛在的問題和盲點。錯維創業者成長社群讓我們有機會聽取來自不同產業和背景的人的觀點，這些觀點有助於我們發現自己的盲點，從而作出更明智的決策。例如，在創業者成長社群中，一位來自製造業的與會者可能會分享在供應鏈管理方面的經驗，而這正是我們作為網路創業者可能忽視的領域。

2. 建立共同的思考框架

　　傳統交流小組往往缺乏清楚的溝通思考框架，而錯維創業者成長社群透過引入錯維理論，讓與會者形成共同的思考基礎。這有助於我們更加高

效地溝通和解決問題。例如，基於錯維理論的價值系統，我們可以制定屬於自己的評分系統，並邀請成長社群中的朋友幫助自己評分，給出錯維的方向建議。錯維創業者成長社群強調知識和經驗的分享，讓我們在與會者之間建立一種互相學習和成長的氛圍。這有助於我們提高自身的認知水準和判斷力，為自己的企業和品牌發展提供強而有力的支持。

3. 透過社群的力量，幫助企業共度難關

創業過程中難免會遇到困境和挑戰，錯維創業者成長社群為創業者們提供了一個團結互助的社群，讓我們在面臨問題時能得到及時的支持和幫助。在錯維創業者成長社群中，創業者們可以相互傾訴、分享經驗，找到共鳴、提升認知。此外，這個社群還有助於建立有價值的人脈資源，為企業發展注入新的活力。例如，當我們面臨融資難題時，可以在錯維創業者成長社群中尋求建議和引薦。而當遇到市場行銷問題時，我們也可以從社群中獲得靈感和借鑑其他創業者的成功案例。

4. 跨界合作，拓寬視野

錯維創業者成長社群提供了一個跨界溝通的平臺，讓創業者能夠與來自其他產業的專家和同行交流，從而拓寬自己的視野。這有助於我們發現潛在的合作機會，以及將其他產業的創新理念和技術應用到自己的企業中。例如，與醫療產業的創業者交流，或許能激發我們為網路產業開發全新的健康管理工具。

當然，錯維創業者成長社群帶給我們的遠不止這些，在未來，願我們有幸一起探索新的錯維邊界！

第十章　萬物皆可錯維

後記

　　看到這裡，本書的內容就告一段落了。然而，這並不是錯維競爭的結束，相反，這應該是錯維理論的開始，因為它開始啟發更多人融入錯維的新世界。在書中的內容，恐怕都不及錯維世界的億分之一，更多的錯維路徑需要每個讀者自己思考與實踐，產出專屬於自己的結果。

　　書中闡述的案例多以實體產業的案例為主，並不是因為錯維理論僅適用於實體，而是希望以此來喚醒實業與實體的復興，此外，實體產業的案例更貼近生活，便於所有讀者更好地了解錯維的邏輯。

　　回想起來，打算寫這本書的想法由來已久，大概是在 2016 年，然而直到 2020 年才開始動筆，再到出版也歷經了 4 年多的時間。主要是由於自己對於書中的內容不夠清楚，或許很多東西就是需要時間的沉澱。一直在反覆調整書的框架與內容，總希望可以兼顧理論的高度與實際的應用。但很多東西是很難兼顧的，因為「道可道非常道」。本書的目的並不在於教會大家靈活使用錯維的工具，而是希望它能夠喚起那深藏在每個人心中的智慧。

　　未來的時代將是事物極速變化的時代，我們所做的，並不是累積過去的很多經驗，而是學會保持大腦的「空性」，懂得時刻將自己的「大腦」清空，用新的知識、邏輯、工具去達成自己新的目標。賈伯斯曾說：「保持飢餓，保持愚蠢。」保持飢餓，意味著我們始終要保持對知識、技能和新事物的渴求。只有具備強烈的求知欲，我們才能在這個變化中找到自己的方向，找到屬於自己的定位。保持愚蠢，意味著我們要承認自己的無知，

後記

勇於面對自己的不足,這樣才能激發出我們去學習新知識,開拓新視野的潛力。

其實人生的發展也是一個不斷錯維的過程。不斷突破自己的專業(升維、超維),不斷融入看待事物的新視角(增維)。儘管我們生活在三維空間中,但我們的思考並不僅僅受此限制。比如,時間是四維空間的要素,當我們將它融入分析框架中,我們便能夠更加全面和深入地理解眼前的問題。透過這樣的方式,我們不僅能夠對當下的情境有更為深遠的洞察,而且能給自己足夠的沉澱來創造出更高的附加價值。

錯維是一個全新的思考模型,目前還處於它的起始階段,尚有不少需要打磨的邊角。然而,正如鑽石經過切割才能閃閃發光,我堅信錯維理論也將在眾多讀者與實踐者的共同探索與完善下,逐步發展成熟。面向未來,我們將致力於進一步深化並完善錯維的理論框架,對書中的核心觀點進行更為深入的挖掘,努力建構一個系統完善、實用高效的「錯維」系統。

很欣賞王家衛《一代宗師》中的那句臺詞:「憑一口氣,點一盞燈。」這是對生命中最微妙的瞬間和力量的描繪,也是對人生意義的一種詮釋。分享與給予,正如那盞被點燃的燈,雖然微小,卻能照亮別人的世界。真正的智慧並不僅僅是個人的累積,它需要被傳遞、被分享、被碰撞,如同星火間的相遇,會在漫長的時空中書寫永恆的光。

本書至此結束,希望多年之後它依然是你隨時可以翻看,引發你思考的一本書。或許到那時,你的故事也已經變成錯維系列書籍中的案例。

立體競爭！錯維視角下的商業新思維：
勢能管理 × 價值評估 × 跨維應用，從品牌定位到消費者心智，全面升級競爭格局

作　　　者：劉潤澤	
發　行　人：黃振庭	
出　版　者：沐燁文化事業有限公司	
發　行　者：崧燁文化事業有限公司	
E - m a i l：sonbookservice@gmail.com	
粉　絲　頁：https://www.facebook.com/sonbookss/	
網　　　址：https://sonbook.net/	
地　　　址：台北市中正區重慶南路一段 61 號 8 樓 8F., No.61, Sec. 1, Chongqing S. Rd., Zhongzheng Dist., Taipei City 100, Taiwan	

國家圖書館出版品預行編目資料

立體競爭！錯維視角下的商業新思維：勢能管理 × 價值評估 × 跨維應用，從品牌定位到消費者心智，全面升級競爭格局 / 劉潤澤 著 . -- 第一版 . -- 臺北市：沐燁文化事業有限公司, 2025.07
面；　公分
ISBN 978-626-7708-43-9(平裝)
1.CST: 企業競爭 2.CST: 企業經營
494　　　　　114009395

電　　　話：(02)2370-3310
傳　　　真：(02)2388-1990
印　　　刷：京峯數位服務有限公司
律師顧問：廣華律師事務所 張珮琦律師

-版權聲明-
原著書名《错维竞争：未来商业的制胜战略》。本作品中文繁體字版由清華大學出版社有限公司授權台灣沐燁文化事業有限公司出版發行。
未經書面許可，不得複製、發行。

定　　　價：420 元
發行日期：2025 年 07 月第一版
◎本書以 POD 印製

電子書購買

爽讀 APP　　　臉書